计算思维之快乐编程

（初级·C++描述）

沈　军　薛志坚　张婧颖　管赋胜　谢志峰　**编著**

东南大学出版社
SOUTHEAST UNIVERSITY PRESS
·南京·

内 容 提 要

本书围绕程序设计基本方法的构建及应用，以思维能力培养为目标而展开。全书分为 8 章，第 1 章主要解析程序设计的相关概念和环境；第 2、3 章分别解析程序两个 DNA（数据组织和数据处理）的基本构建方法及其 C++ 语言支持机制；第 4 章主要解析面向功能方法的构建及其 C++ 语言支持机制；第 5 章主要解析面向对象方法的构建及其 C++ 语言支持机制；第 6、7 章主要解析两种程序设计基本方法的基本应用（第 6 章主要解析排序，第 7 章主要解析搜索）；第 8 章主要解析程序设计的应用要素。

本书主要面向青少年程序设计科普活动的教学与培训，也可以作为新课标程序设计相关课程的教学参考和辅导教材，同时也适用于爱好程序设计的广大读者的科普。

图书在版编目（CIP）数据

计算思维之快乐编程. 初级. C++描述／沈军等编著.
—南京：东南大学出版社，2019.6
　ISBN 978－7－5641－8336－3

Ⅰ．①计…　Ⅱ．①沈…　Ⅲ．①C++语言—程序设计
Ⅳ．①TP312.8

中国版本图书馆 CIP 数据核字（2019）第 046830 号

计算思维之快乐编程（初级·C++描述）

JISUAN SIWEI ZHI KUAILE BIANCHENG（CHUJI·C++ MIAOSHU）

编　　著	沈　军　薛志坚　张婧颖　管赋胜　谢志峰
出版发行	东南大学出版社
出 版 人	江建中
责任编辑	张　煦
社　　址	南京市四牌楼 2 号　（邮编：210096）
经　　销	全国各地新华书店
印　　刷	兴化印刷有限责任公司
开　　本	787 mm×1092 mm　1/16
印　　张	13.75
字　　数	326 千
版　　次	2019 年 6 月第 1 版
印　　次	2019 年 6 月第 1 次印刷
书　　号	ISBN 978-7-5641-8336-3
定　　价	46.00 元

本社图书若有印装质量问题，请直接与营销部联系。电话（传真）:025-83791830

前　言

随着泛计算社会的到来,程序设计正逐步成为每个人的一种生活、工作和娱乐习惯。程序设计涉及方法、语言、环境和应用四个基本要素,其中,方法是核心,语言、环境和应用都围绕方法而展开,语言和环境支持方法的实现,应用体现方法的具体运用。更进一步,四个要素由计算思维实现统一,它们都是计算思维的具体运用。因此,程序设计的本质在于培养对计算机学科核心——计算思维的认知与灵活运用。

目前,伴随着 AI 的发展,程序设计的教学与培训如火如荼,尤其是针对青少年的程序设计教学和培训,受商业利益的驱动及受制于对计算机学科特征的肤浅认知,其教学目标、理念和方法等存在严重问题,最突出的一点就是机械式训练,缺乏针对思维能力的培养。更为重要的是,这些教学模式带来了几乎不可逆转的反作用。因为思维的培养有其时间属性,并且,思维模式及习惯的形成很难转变。因此,针对青少年的程序设计教学和培训而言,其启蒙教学十分重要。如何有效地辅助他们构建良好的思维模式,培养其计算思维及系统化思维应用能力,成为程序设计教学和培训应有的目标。

作者长期从事江苏省青少年信息学奥赛及科普活动,对青少年程序设计教学与培训的相关动态有比较深入的了解。同时,作为普通高校教师,作者对计算思维有着深入的研究,开设相关课程和讲座,并将研究成果应用于江苏省青少年信息学奥赛训练教练组的教学实践。基于作者对计算思维及其应用的长期研究及多年的实践,构建了本书的体系结构。本书的主要特色是:(1)从元认知层面深入解析了程序设计相关的知识及其关系;(2)强调计算思维的具体应用,注重培养计算思维;(3)结合计算机学科固有特征,采用多维度共进方式展开;(4)考虑青少年的认知特征,采用游戏方式引入相关知识和内容,并隐式地诠释计算思维原理及其具体运用;(5)兼顾奥赛实战应用。

本书由东南大学计算机学院沈军教授(江苏省青少年信息学奥赛委科学委员会主任委员)策划并设计,沈军和管赋胜(苏州工业园区星海实验中学)编写第 1、2 章,沈军和谢志峰(泰州市第二中学附属初级中学)编写第 3、4 章,沈军和张婧颖(江苏省青少年科技中心)编写第 5、6 章,沈军和薛志坚(江苏省淮阴中学)编写第 7、8 章,沈军的学生周晓、崔效伟、刘少希、王晓风等对全书样例进行了调试并参与部分审阅工作。

特别感谢东南大学计算机学院、江苏省青少年信息学奥赛委员会、东南大学出版社对本书出版工作的大力支持,衷心感谢东南大学出版社张煦编辑为本书出版所做的工作。

本书中的观点都是基于作者的认识、理解和感悟,难免存在错误和不妥之处,希望读者来信批评与指正。作者恳切盼望各位同仁来信切磋,作者的 E-mail 地址是 kutushen@ 126. com,junshen@ seu. edu. cn

(扫描书后二维码获取各章习题参考答案)

作　者

2018 年 12 月 30 日于古都金陵

目　　录

第 **1** 章 Hello World!

1.1 神奇宝贝小 C

工具是人类文明的载体,烙下了人类文明的印迹。我们生活在信息时代,信息文明的表征工具就是神奇宝贝小 C,也就是电脑或计算机(Computer)。神奇宝贝小 C 无所不能,可以看电影、听音乐、玩游戏,也可以办公和教学,还可以控制飞机和汽车,几乎可以实现你想要做的任何事情。小 C 为什么神奇呢? 因为它给予我们一个创造的环境,可以让我们充分发挥自己的思维潜能。可是它是怎么做到的呢?

首先,工程师们利用晶体管和电阻器、电容器等物理器件搭建出几种基本的数字电路单元,这些电路单元可以使输出信号与输入信号之间产生一定的逻辑关系。例如:与门、或门、非门和异或门,等等;然后,再由这些基本电路单元搭建出各种各样具有特定功能的电路单元,例如:存储单元、计算单元、译码单元、控制单元,等等;最后,再依据大科学家冯·诺伊曼提出的通用计算机器的结构(如图 1-1 所示),利用这些电路单元搭建出神奇宝贝小 C 的躯体(人们通常称之为硬件或硬件系统)。

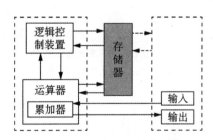

图 1-1 计算机硬件的逻辑结构

躯体的诞生只是具备了神奇的基础,真正神奇的是应该赋予小 C 一个大脑,让其具有记忆和判断能力,能够模拟人类的思维和表达人类的意愿。因此,工程师们首先在躯体中通过电路单元的综合搭建,让小 C 能够认识和执行少量固定的动作,每个动作称为指令,所有动作称为指令系统。然后,允许人们按照自己的想法,通过利用这些指令(相当于各种句子),构造一个程序(相当于书写一篇作文),让小 C 去阅读和理解。从而,使人类各种各样的奇思妙想得以实现。相对于躯体,各种各样的程序,以及相关的文档资料构成了软件。可见,正是采用了硬件(不变部分)+软件(可变部分)的结构,神奇宝贝小 C 具备了创造的条件和环境。

1

1.2 神奇宝贝小 C 的基因——二进制

1.2.1 进位计数制

计数是数学的最基本问题，我们从小就开始学数数。人类发展历史中，出现过各种各样的计数方法，例如：打绳结、丢石子或小木棍、刻印记，等等。然而，最终确定和发展了基于进位的计数制，称为进位计数制。

所谓进位计数制，是指采用进位方式的一种计数方法。进位计数制的原理是，首先规定一个基本的有限范围计数方法并定义其表意的直观符号，其计数范围称为基数。例如：对于八进制、十进制和十六进制，其基数和表意直观符号如表 1-1 所示；其次，通过堆叠（或并列）多个基本的有限范围计数方法，实现无限的计数需求。为了区分每一个堆叠的基本有限范围计数方法，引入位概念（即堆叠的每一个基本有限范围计数方法都占一个位）。并且，每个位都规定一个权值（相当于该位的计数单位量纲。量纲的改变产生进位），称为位权。位权等于(基数)^i（i 表示位，从 0 开始，从右向左扩展分别取 1，2，…，从左向右扩展分别取 -1，-2，…）；最后，通过基数和位权，构建了进位计数制（如图 1-2 所示）。

表 1-1 各种常用进制的基本计数法表意符号定义

计数法	基数	表意符号
八进制	8	0, 1, 2, 3, 4, 5, 6, 7
十进制	10	0, 1, 2, 3, 4, 5, 6, 7, 8, 9
十六进制	16	0, 1, 2, 3, 4, 5, 6, 7, 8, 9, A, B, C, D, E, F

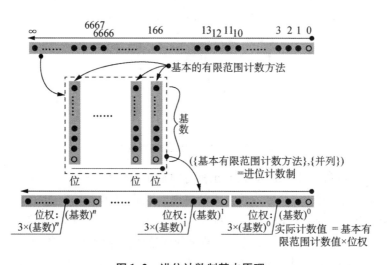

图 1-2 进位计数制基本原理

由图 1-2 可知，同样一个基本的有限范围计数值，依据其出现的不同数位，其所表示的实际计数值是不同的,具体的计数值由该基本的有限范围计数值和其所在位的位权共同决定,即(该基本的有限范围计数值)×该位的位权。例如:十进制数 6666.66 的真实计数值为 $6\times10^3+6\times10^2+6\times10^1+6\times10^0+6\times10^{-1}+6\times10^{-2}$。

【例 1-1】　如果 $6C+5G=C9$,那么 $9B-6F=?$

首先,基于对十六进制计数表意符号设计思想的基本常识,显然该计算式的基数大于 9;其次,$C+G$ 即为 $12+16$,结果为 28。而计算式的个位是 9,因此,依据进位计数制原理,28 中应该剩余 9,其他向高位进位。于是,$28-9=19$,即满 19 向高位进位;再次,$6+5+1$(低位的进位)$=12$,即 C。因此,该计算式是 19 进制计算式。最后,$9B-6F=2F$。

本质上,进位计数制是一种二维平面型的计数方法,相对于打绳结、丢石子或小木棍、刻印记等一维线性型的计数方法,它通过增加维度提高了灵活性和简洁性,便于快速识别、理解、记忆和使用,从而获得了强大的生命力。

1.2.2　二进制

二进制是进位计数制中基数最小的一种计数方法,正是其简单性,使得它成为神奇宝贝小 C 的基因。也就是说,神奇宝贝小 C 的内部是二进制的世界。首先,各种电路单元都称为“门”电路或数字电路,一个“门”的开(导通)与关(不导通)正好通过 1 和 0 表示,多个“门”的开与关通过 1 和 0 的位串表示,反映相应电路的一种工作状态。指令就是按时间序列(可以先后,也可以同时)完成多个电路状态改变,以实现一种具体的功能。指令本身也是用 1 和 0 的位串表示;其次,人们编写的程序最终都翻译成一条条的指令,用到的数据、文档、图片、声音、动画等,都是通过 1 和 0 的位串表示。因此,二进制成为与神奇宝贝小 C 打交道的基础和关键。

除了具有进位计数制的共同特征和特性外,二进制还有其自身的特点。例如:二进制只有 1 和 0 两个表意直观符号,它们正好相反。因此,只要是能够表示决然不同两种状态的东西,都可以看成是二进制的应用。例如:灯的开与关、木棍的横放与竖放等,因此,在没有电脑的场合,我们也可以做二进制游戏。另外,对于二进制真实计数值,可以将通用的进位计数制表示方法简化为只要权值表示即可。例如:$(1011010.11)_2=(1\times2^6+0\times2^5+1\times2^4+1\times2^3+0\times2^2+1\times2^1+0\times2^0+1\times2^{-1}+1\times2^{-2})=(2^6+2^4+2^3+2^1+2^{-1}+2^{-2})$。再者,二进制的一些运算可以简化。例如 $(1-0.00000001)_2$,可以直接用减数的逐位取反即可,即 $(0.11111111)_2$。由此可见,二进制是不是很神奇呢?

尽管小 C 内部是二进制世界,然而考虑到有时二进制位串比较长,书写不方便且容易写错(例如少写一个 0 或 1 等),因此,书面表达中经常用八进制(因为 8 是 2^3,一个八进制位可以用三个二进制位表示,反之,三个二进制位可以用一个八进制位表示)或十六进制(因为 16 是 2^4,一个十六进制位可以用四个二进制位表示,反之,四个二进制位可以用一个十六进制位表示)来表示一个二进制位串。为了区分各种进制的表示,通常以后缀 H 或前缀 0x 或 $(\quad)_{16}$ 表示十六进制,以前缀 0 或 $(\quad)_8$ 表示八进制。

【例 1-2】　$(5639)_{10}=(\quad)_2$

依据二进制计数原理,$(5639)_{10} = (4096)_{10} + (1024)_{10} + (512)_{10} + (4)_{10} + (2)_{10} + (1)_{10} = 2^{12} + 2^{10} + 2^9 + 2^2 + 2^1 + 2^0 = (1011000000111)_2$

【例1-3】 十进制小数 13.375 对应的二进制数是( )。（NOIP2017）

A）1101.011　　　B）1011.011　　　C）1101.101　　　D）1010.01

依据二进制计数原理,$(13.375)_{10} = ((8+4+1).(25+125))_{10} = ((2^3 + 2^2 + 2^0).(2^{-2} + 2^{-3}))_{10} = (1101.011)_2$。因此,答案为 A。

【例1-4】 与十进制数 28.5625 相等的四进制数是( )。（NOIP2008）

A）123.21　　　B）131.22　　　C）130.22　　　D）130.21

E）130.20

依据二进制计数原理,$(28.5625)_{10} = ((16+8+4).(5+0625))_{10} = ((2^4 + 2^3 + 2^2).(2^{-1} + 2^{-4}))_{10} = (11100.1001)_2 = (\underline{01}\ \underline{11}\ \underline{00}.\underline{10}\ \underline{01})_2 = (130.21)_4$。因此,答案为 D。

【例1-5】 地址总线的位数决定了 CPU 可直接寻址的内存空间大小,例如:地址总线为 16 位,其最大的可寻址空间为 64 KB。如果地址总线是 32 位,则理论上最大可寻址的内存空间为( )。（NOIP2012）

A）128 KB　　　B）1 MB　　　C）1 GB　　　D）4 GB

由于计算机内部是二进制的世界,因此,在此的位数是指二进制数的位数。从逻辑上看,内存空间大小是以字节(Byte,8 个二进制位)为单位的线性排列,每个字节有一个地址,地址从 0 开始编排。内存空间大小的计算量纲如表 1-2 所示(注:存储设备厂商通常使用 1000 作为进率,不采用 1024 作为进率)。

16 位地址总线表示用 16 位二进制数来编排地址,即 0000H ~ FFFFH,其存储空间大小为:$2^{16}\text{B} = 2^6 * 2^{10}\text{B} = 2^6 \text{KB} = 64\text{KB}$。因此,32 位地址总线,其最大可寻址的内存空间为:$2^{32}\text{B} = 2^2 * 2^{30}\text{B} = 2^2 * 2^{20}\text{KB} = 2^2 * 2^{10}\text{MB} = 2^2\text{GB} = 4\text{GB}$。本题答案为 D。

表 1-2　存储空间大小的计算量纲

量纲	单位	换算
字节	B（Byte）	—
千字节	KB（KiloByte）	1 KB = 1024 B = 2^{10} B
兆字节	MB（MegaByte）	1 MB = 2^{10} KB = 1024 KB = 2^{20} B
吉字节	GB（GigaByte）	1 GB = 2^{10} MB = 1024 MB = 2^{30} B
太字节	TB（TeraByte）	1 TB = 2^{10} GB = 1024 GB = 2^{40} B
拍字节	PB（PetaByte）	1 PB = 2^{10} TB = 1024 TB = 2^{50} B
艾字节	EB（ExaByte）	1 EB = 2^{10} PB = 1024 PB = 2^{60} B
泽字节	ZB（ZetaByte）	1 ZB = 2^{10} EB = 1024 EB = 2^{70} B
尧字节	YB（YottaByte）	1 YB = 2^{10} ZB = 1024 ZB = 2^{80} B
B 字节	BB（BrontoByte）	1 BB = 2^{10} YB = 1024 YB = 2^{90} B
N 字节	NB（NonaByte）	1 NB = 2^{10} BB = 1024 BB = 2^{100} B
D 字节	DB（DoggaByte）	1 DB = 2^{10} NB = 1024 NB = 2^{110} B

【例1-6】　将一棵完全二叉树结构(参见图2-19b)按照自上而下的层次顺序映射到一个数组(参见第2.3.1小节)中,则完全二叉树第 k 层第 2 个结点的左子女和右子女分别位居数组的哪个位置?

二叉树结构具有一些特殊性质,其每层的最大结点数与二进制有着内在的关系,可以看成是二进制的一种典型应用。假设树根结点所在的层次为 0,则第 n 层的最大结点数为 2^n。

完全二叉树是二叉树的一种形态,它只允许最后一层右边可以缺省部分结点。因此,对于完全二叉树第 k 层第 2 个结点的左子女而言,其前面 $k+1$ 层共有 $(2^0 + 2^1 + 2^2 + \cdots + 2^{k-1} + 2^k) = (2^{k+1} - 1)$ 个结点,再加上第 k 层第一个结点的两个子女结点。因此,完全二叉树第 k 层第 2 个结点的左子女和右子女分别对应数组的第 $2^{k+1} + 1$ 和 $2^{k+1} + 2$ 个元素(C++语言中,数组元素的位置从 0 开始)。

1.3　如何与神奇宝贝小 C 进行交流

1.3.1　基本交流方式——人机交互式接口

神奇宝贝小 C 的躯体——硬件,包含各种功能单元和设备(参见图1-1),其大脑部分——软件,也千姿百态。为了方便与人类交流,或者说方便人类使用,小 C 雇用了一个大管家——操作系统(一个预先编写好的特殊软件。例如:Windows、Linux、Mac OS、IOS、安卓等),小 C 与人类的一切交流都通过大管家进行。操作系统一方面帮助小 C 管理所有的硬件和软件,并向外部提供完成各种功能的接口,称为系统功能调用(简称系统调用);另一方面,面向人类提供两种人机交互的接口:交互式接口(包括命令行界面和图形用户界面)和程序式接口,并且合理安排、组织和管理各种程序的执行。交互式接口用于实时与小 C 交流(相当于面对面直接交流),程序式接口用于间接地与小 C 交流(相当于写一个纸条交给小 C)。例如:平时人们操作电脑,就属于交互式接口。它可以输入命令,也可以点击鼠标。无论是哪种接口,最终都是通过大管家,将人类的意愿转变为内部相应的一系列系统调用。图1-3 所示给出了人机交互的基本原理。

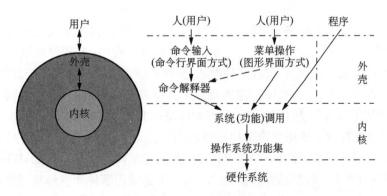

图1-3　人机交互的基本原理

1.3.2 程序交流方式——程序式接口

作为人机接口的一种高级方式，程序交流方式相对比较复杂，涉及计算机语言、程序开发环境或工具以及程序设计方法。首先，尽管二进制语言是神奇宝贝小 C 的母语，在其诞生的初期，人类就是通过二进制语言（用一组开关表示 0 和 1 的位串）与小 C 直接交流。然而，人类毕竟习惯于自然语言，希望能用自然语言与小 C 交流。为此，人类做了各种努力来解决这个问题。尽管小 C 还不能完全地理解自然语言，但人类发明了多种类似或接近自然语言的计算机语言——程序设计高级语言（简称高级语言。相对而言，将小 C 的母语称为机器语言或低级语言、二进制语言），例如：PASCAL 语言、C 语言、C++ 语言、Python 语言等。从语言学的体系结构来看，高级语言与自然语言具有同样的语义层次，如图 1-4 所示。

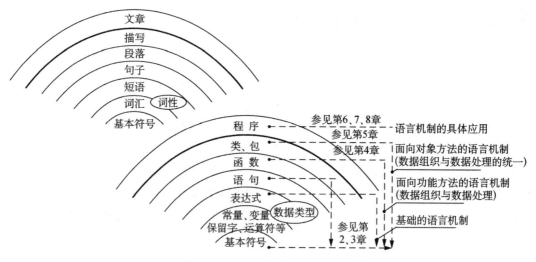

图 1-4 高级语言的语义层次

有了高级语言，人们就可以用它来编写程序或进行程序设计（相当于为小 C 写一篇作文）。显然，程序的编写要有方法，这由本书后面的章节来逐步详细介绍。在此，首先解决另一个问题，即如何提供一些编写程序的文具（即程序编辑）、如何将编写好的程序翻译成小 C 的母语及组织成大管家要求的格式（即程序编译和连接，生成目标程序或可执行程序）并交给小 C 执行（即程序执行）以及遇到错误时如何检查和修正程序（即程序调试）。这个工作就交给程序开发环境或工具，它一般有两种形式：分离式和集成式。分离式开发环境一般用在命令行交互接口方式中，它为程序构建的每一个工序都提供相应的命令。例如：Linux 操作系统中，构建程序的方式一般都是采用分离式环境（目前，也提供集成式环境，例如：NOI Linux）。集成式开发环境一般用在图形用户界面交互接口方式中，它将与程序构建每个工序对应的命令都集成在一起，提供一个含有较多附加功能的特殊程序。例如：Windows 操作系统中，构建程序的方式一般都是采用集成式环境。无论采用哪种开发环境，程序开发和构建的过程都是一样的，如图 1-5 所示。

本书主要介绍 C++ 程序设计语言，相应的程序构造工具主要介绍开源的 Dev-Cpp。用

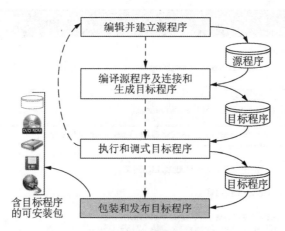

图 1-5　程序开发或和构建的过程

户可以从网上搜索并下载 Dev-Cpp 工具安装程序（例如：Dev-Cpp 5. 11 TDM-GCC 4. 9. 2 Setup. exe），然后，按照下列步骤安装该工具。

（1）双击下载的 Dev-Cpp 5. 11 TDM-GCC 4. 9. 2 Setup. exe，出现如图 1-6 所示的界面。

图 1-6　选择语言

（2）用鼠标点击图 1-6 中的"OK"按钮，出现如图 1-7 所示的界面。

（3）用鼠标点击图 1-7 中的"I Agree"按钮，出现如图 1-8 所示的界面。

（4）用鼠标点击图 1-8 中的"Next >"按钮，出现如图 1-9 所示的界面。在此，可以通过"Browse…"按钮选择需要安装工具的具体位置（即具体的目录路径名称。当然，也可以不选择，采用默认的位置 C：\Program Files\Dev-Cpp）。

（5）用鼠标点击图 1-9 中的"Install"按钮，开始安装过程（如图 1-10 所示。大约需要一分钟左右）。安装完成后，出现如图 1-11 所示的界面。

（6）在图 1-11 中，用鼠标点击"Finish"按钮，出现如图 1-12 所示的界面，进行相应的配置。

（7）在图 1-12 中的语言选择区，通过上拉滚动条，选择"简体中文/Chinese"。然后，用鼠标点击"Next"按钮，出现如图 1-13 所示的界面。

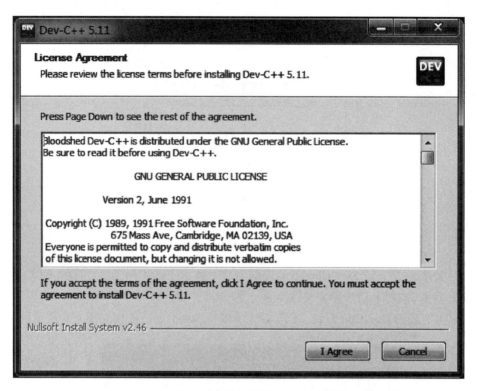

图1-7　确认版权与协议

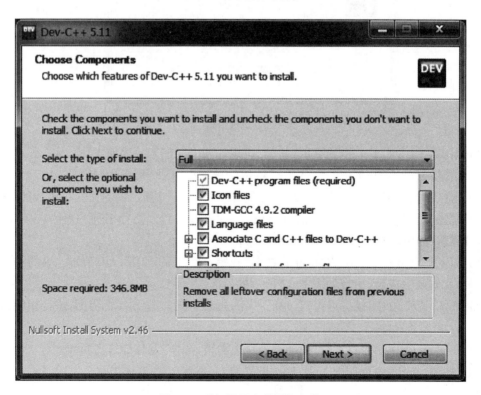

图1-8　选择需要安装哪些组件

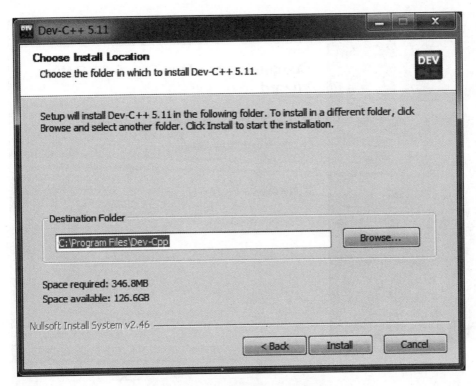

图 1-9 选择并确定安装的位置

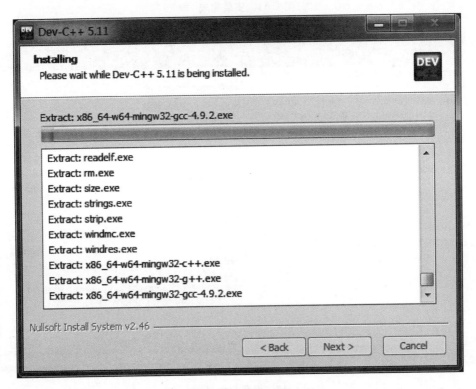

图 1-10 安装过程

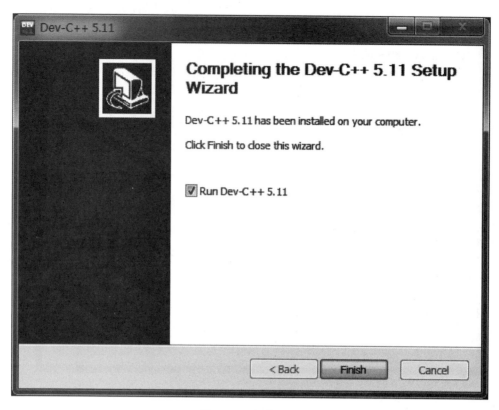

图 1-11 安装完成

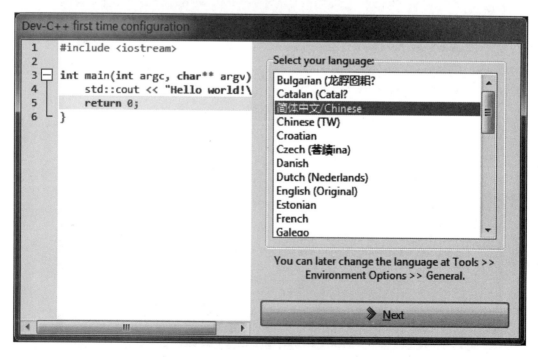

图 1-12 配置 Dev-C++

（8）在图 1-13 中，用鼠标点击"Next"按钮，出现如图 1-14 所示的界面，完成 Dev-C++的安装与配置。最后，用鼠标点击图 1-14 中的"OK"按钮，关闭提示窗口就 OK 了。

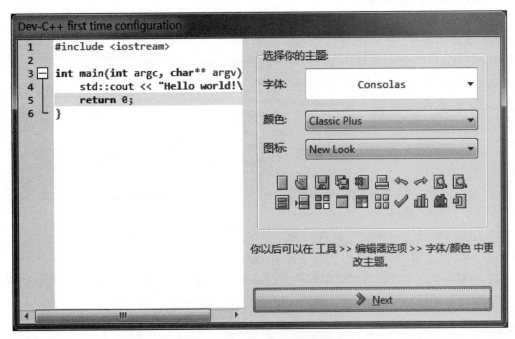

图 1-13　配置工作界面的相关特色

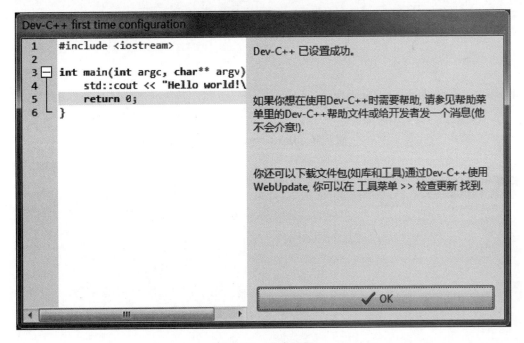

图 1-14　完成配置

1.4 baby 程序的诞生

程序设计领域中,通常都是以输出信息"Hello World!"的程序作为第一个程序(如图 1-15 所示,参见图 1-12 ～图 1 ～ 14),它寓意程序就像一个新生儿(baby)降临到这个世界,并向世界打个招呼。由此,你是否觉得程序设计十分有趣呢?

下面通过开发工具 Dev-Cpp 来构建图 1-15 所示的 baby 程序。

(1)启动 Dev-C＋＋ 开发工具,出现如图 1-16 所示的工作界面。

(2)用鼠标点击主工作界面菜单栏的"文件(F)→新建(N)→源代码(S)"(或按快捷键 Ctrl + N,如图 1-17 所示),打开程序编辑页面,如图 1-18 所示。

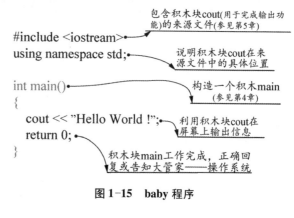

图 1-15　baby 程序

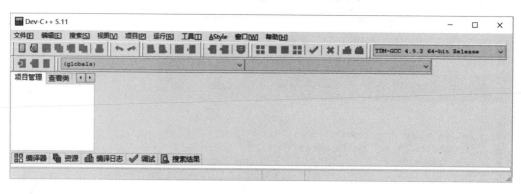

图 1-16　Dev-C＋＋工作界面

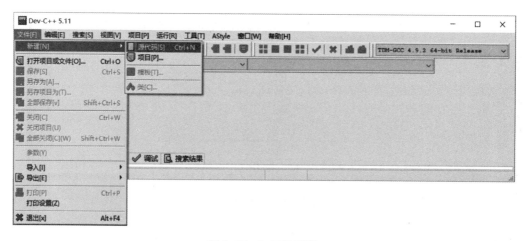

图 1-17　打开编辑器

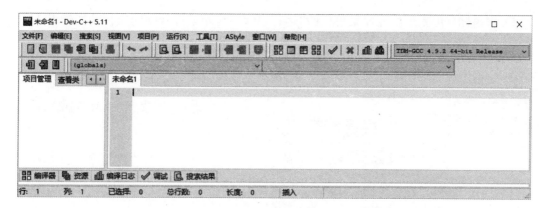

图 1-18 编辑器界面

（3）在编辑页面中输入图 1-15 的程序并用鼠标点击主工作界面菜单栏的"文件($\underline{F}$)"→"保存($\underline{S}$)"，保存程序（如图 1-19 所示）。

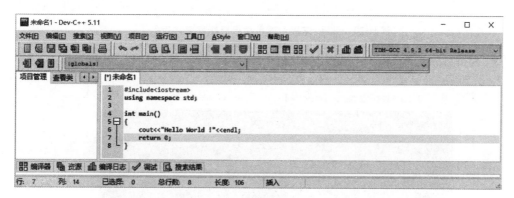

（a）输入程序

（b）保存程序

图 1-19 输入程序并保存

（4）用鼠标点击主工作界面菜单栏的"运行(R)→编译运行(O)"（或按功能键 F11），编译和连接程序,生成可执行的目标程序（如图 1-20 所示）。

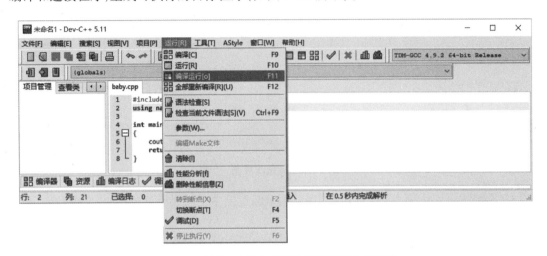

图 1-20　编译、连接生成可执行目标程序并运行

（5）获得程序的运行结果（如图 1-21 所示）。

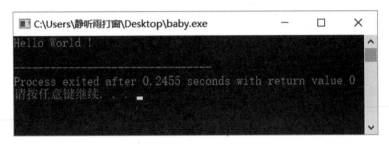

图 1-21　程序运行结果

嗨,程序 baby 真的诞生了! 神奇宝贝小 C 太好玩了。Dev-Cpp 把程序构建的全过程（全部工序）轻松搞定,有了 Dev-Cpp 这个利器,现在只剩下学会 C++语言和一些程序设计的基本方法,并按照基本方法用 C++语言来表达我们的想法了。

1.5　进一步认识 Dev-Cpp 的能力

尽管 Dev-Cpp 轻松搞定程序构建的全过程,然而这仅仅是其最基本的能力。考虑到人们在输入程序时会敲错,例如:出现错别字或病句等（即语法错误或编译时错误/显式错误）;或者,输入的程序语法表达完全正确,但是却得不到正确的结果（即语义错误或运行时错误/隐式错误）等。Dev-Cpp 还为我们提供了更多的功能,辅助我们调试程序。

1.5.1　语法错误调试

将图 1-15 程序中的 return 改为 retern,此时,用鼠标点击主工作界面菜单栏的"运行

(R)→编译运行(O)"（或按功能键 F11），编译和连接程序时出现如图 1-22 所示的界面。其中，错误信息提示窗格明确地指出第 5 行出现语法错误。修改后，运行正确。

图 1-22　自动检测语法错误

1.5.2　语义错误调试

1）输入如图 1-23 所示的程序并保存

```
#include <iostream>
using namespace std;

int main()
{
    int age = 1;                              数据定义语句
    char* name = "John";                      （参见第2章）
    cout << "Hello World !";
    cout << "I am   " << age << " , " << name << " years old! ";
    return 0;
}
```

图 1-23　有缺陷的 baby 程序

2）编译、连接和运行程序

编译、连接和运行程序后，得到的结果明显有错误，因为名称和年龄显然是颠倒了（如图 1-24 所示）。也就是说，尽管 baby 程序通过了语言表达的检查并可以正确执行，然而它存在隐藏的 Bug。

3）利用断点和单步执行逐步查看程序的工作状态

为了找出隐藏的 Bug，首先，用鼠标点击第 8 行行号，将第 8 行设置为一个断点（如图 1-25 所示）。然后，用鼠标点击主工作界面菜单栏的"运行(R)→调试(D)"（或按功能键 F5），开始调试程序，此时当程序运行到断点时就会暂停。此时，用鼠标点击调试页卡中的"添加查看(A)"，可以查看当前两个变量 age 和 name 的值（如图 1-26 所示，当前值正确）。

图 1-24   缺陷 baby 程序的运行结果

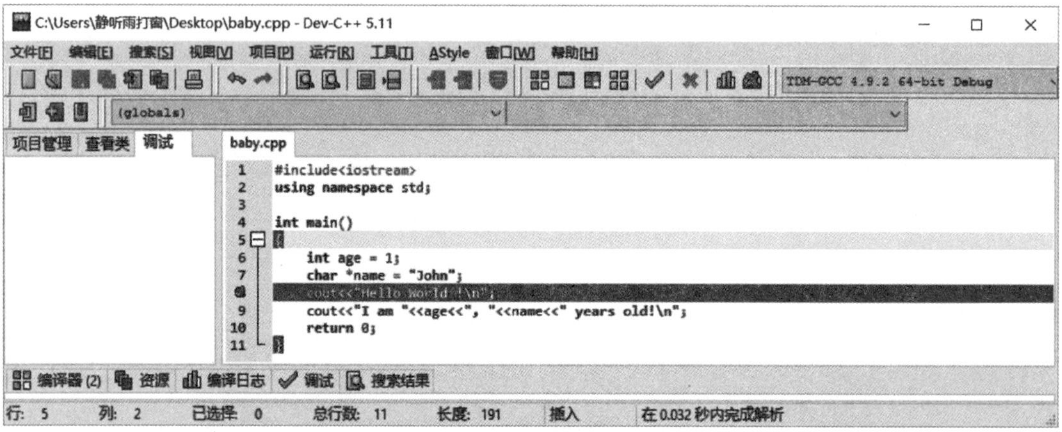

图 1-25   设置断点

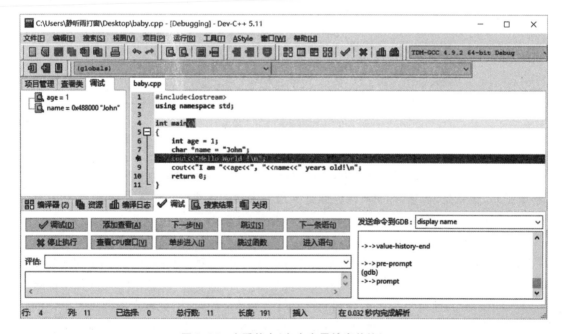

图 1-26   查看状态(各个变量的当前值)

接着用鼠标点击调试页卡中的"下一步(N)"，开始单步运行。第一次单步运行后，结果显示"Hello World！"，运行正确！如图 1-27 所示。再单步运行一次，结果显示错误(参见图1-24)。由此，可以确定 Bug 隐藏在第 9 行中！仔细分析第 9 行，发现将 age 和 name 的位置写反了。于是，修改后再次运行，得到正确答案！（如图 1-28 所示）。至此，隐藏的 Bug 终于抓出来了。

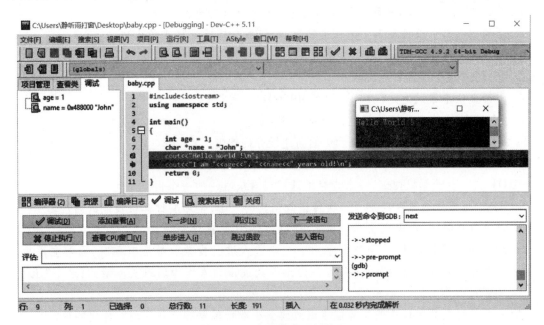

图 1-27　当前部分运行结果

图 1-28　缺陷 baby 程序的正确运行结果

4）充分利用高级功能

除了断点和单步执行外，Dev-Cpp 还提供了各种高级的功能，可以帮助我们调试程序。有关 Dev-Cpp 的高级功能，在此不再展开，读者可以在实践中自己探索。掌握好工具，可以提高程序构造和调试的效率与能力，即所谓工欲善其事，必先利其器。

本章小结

本章主要解析了程序工作的基础，包括程序运行的基础环境和相关概念、描述程序的语言相关概念以及辅助程序构造的工作环境及程序构造的基本过程，为后面程序设计基本方法及其应用的解析奠定基础。

习　题

1. 神奇宝贝小 C 是由哪两个部分构成的? 它为什么神奇?

2. 下列门电路可以计算 1 位的二进制数,如何用它搭建计算 4 位二进制数的门电路?

3. 什么是"指令系统",它能改变吗?

4. 下列说法中错误的是(　　　)。(NOIP2004/普及组)

   A) CPU 的基本功能就是执行指令

   B) CPU 访问内存的速度快于访问高速缓存的速度

   C) CPU 的主频是指 CPU 在 1 秒内完成的指令周期数

   D) 在一台计算机内部,一个内存地址编码对应唯一的一个内存单元

   E) 数据总线的宽度决定了一次传递数据量的大小,是影响计算机性能的因素之一

5. 命令行接口中,命令也是一个预先编好的程序。你能理解吗?

6. 新学期开学要选班长,全班同学对多个候选人进行投票。最后唱票时,通常在黑板上为每位候选人画上"正"字,最后得出票数最多的人作为新班长。请问:这个"正"字有什么作用?

7. 一个二进制数乘以 4 的运算能否通过改变小数点位置的方法实现? 如何实现?

8. 十六进制表意符号中为什么会出现 A、B、C、D、E、F,而不是 10、11、12、13、14、15?

9. 如果 $A = (2E6D)_{16}$,则 A 除以 $(256)_{10}$ 的整数部分是(　　　)$_{16}$,余数部分是(　　　)$_{16}$,A 除以 4 的余数是(　　　)$_{10}$。

10. 如果 $A = (76)_8$,$B = (37)_8$,则 $A + B = ($　　　$)_8$;$A - B = ($　　　$)_8$。

11. 如果 $A = (12367)_8$,则其中有(　　　)$_8$ 个 $(64)_{10}$;A 除以 4 的余数是(　　　)$_{10}$。

12. 八进制数中能否出现 8? 为什么?

13. 设一个六位二进制小数 X >=0,表示成 $0.k_1k_2k_3k_4k_5k_6$,其中 k_1、k_2、k_3、k_4、k_5、k_6 可分别取 1 或 0,试问:

    a) 若要 X > 1/2,那么 $k_1k_2k_3k_4k_5k_6$ 应满足什么条件?

    b) 若要 X >= 1/8,那么 $k_1k_2k_3k_4k_5k_6$ 应满足什么条件?

14. 如何判断一个 7 位的二进制正整数 $k = k_1k_2k_3k_4k_5k_6k_7$ 是否为 4 的倍数?

15. $(11/128)_{10} = ($　　　$)_2$。(NOIP2002/提高组)

16. 什么是语法错误? 什么是语义错误? 如何查找语义错误?

17. 用十六进制、八进制和十进制写了如下一个等式:52 - 19 = 33,式中三个数是各不相同进位制的数,则 52、19、33 分别为(　　　)。(NOIP1998)

    A) 八进制,十进制,十六进制　　　　　B) 十进制,十六进制,八进制

    C) 八进制,十六进制,十进制　　　　　D) 十进制,八进制,十六进制

18. 十进制算术表达式:3 * 512 + 7 * 64 + 4 * 8 + 5 的运算结果,用二进制表示为(　　　)。(NOIP1999)

A) 10111100101　　　　　　　　　　B) 11111100101

C) 11110100101　　　　　　　　　　D) 11111101101

19. 下列无符号数中,最小的数是(　　)。(NOIP 2000)

A) $(11011001)_2$　　　　　　　　　B) $(75)_{10}$

C) $(37)_8$　　　　　　　　　　　　D) $(2A)_{16}$

20. 算式 $(2047)_{10} - (3FF)_{16} + (2000)_8$ 的结果是(　　)。(NOIP 2002)

A) $(2048)_{10}$　　　　B) $(2049)_{10}$　　　　C) $(3746)_8$　　　　D) $(1AF7)_{16}$

21. 十进制数 100.625 等值于二进制数(　　)。(NOIP 2004/提高组)

A) 1001100.101　　　　　　　　　　B) 1100100.101

C) 1100100.011　　　　　　　　　　D) 1001100.11

E) 1001100.01

22. 处理器 A 每秒处理的指令数是处理器 B 的两倍。某一特定程序 P 分别编译为处理器 A 和处理器 B 的指令,编译结果处理器 A 的指令数是处理器 B 的 4 倍。已知程序 P 的算法时间复杂度为 $O(n^2)$,如果处理器 A 执行程序 P 时能在一小时内完成的输入规模为 n,则处理器 B 执行程序 P 时能在一小时内完成的输入规模为(　　)。(NOIP 2005/提高组)

A) $4*n$　　　　B) $2*n$　　　　C) n　　　　D) $n/2$

E) $n/4$

23. 中央处理器 CPU 能访问的最大存储器容量取决于(　　)。(NOIP 2001/提高组)

A) 地址总线　　B) 数据总线　　　C) 控制总线　　　　D) 内存容量

24. CPU 处理数据的基本单位是字,一个字的字长(　　)。(NOIP 2001/普及组)

A) 为 8 个二进制位　　　　　　　　B) 为 16 个二进制位

C) 为 32 个二进制位　　　　　　　　D) 与芯片的型号有关

25. 算盘是我国先人智慧的体现,从进位计数制原理来看,算盘是五进制和十进制的综合应用,即它是进位计数制的二阶应用。请分析并感悟它的伟大之处。

第 2 章　"2+3" 的游戏

2.1 程序如何看世界:数据与数据类型

现实世界中,需要处理的对象各种各样,并且具有不同的表现形态。例如:山、河、人、车、成绩、姓名、照片等。图 2-1 所示呈现了一个示例。

图 2-1　现实世界中需要处理的对象

当我们用计算机工具解决问题时,程序究竟是如何看待现实世界中这些处理对象的呢?首先,将处理对象统一称为数据;其次,从处理对象的固有特性和表现形态出发,归纳几种基本的种类,并用数据类型这个概念进行描述。例如:成绩的表现形态一般都是实数,其固有特性就是实数的固有特性(即可以加、减、乘、除等),工资与成绩具有同样的特征,可以归为同一种类型;姓名的表现形态都是一串符号,其固有特性可以相连接、求长度等,地址与姓名具有同样的特征,可以归为同一类型。最后,针对数据类型,规定其在计算机中如何存储和如何运算。由此,解决了将处理对象从现实世界映射到计算机世界的问题,以便后面对这些数据进行所需要的各种处理。图 2-2 所示给出了现实世界中处理对象到计算机世界的映射方法。

C++语言中,基本的数据类型及其相应特性如图 2-3 所示。

为了增强其自身的描述能力,C++语言对上述基本数据类型又进行了细粒度区分,具

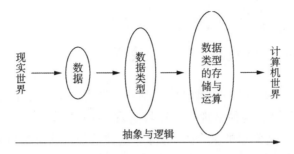

图 2-2 现实世界中处理对象到计算机世界的映射

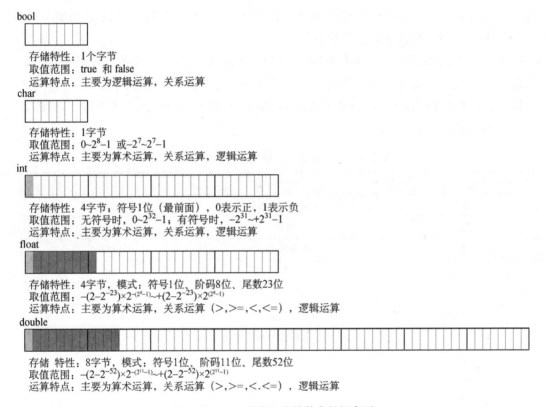

图 2-3 C++语言规定的基本数据类型

体是:对 int 类型又分为短整型(short)、长整型(long 或后缀 l、L)、长长整型(long long 或后缀 ll、LL)。并且,还引入进位计数制概念(以前导符 0、0x 分别表示八进制和十六进制,以尾符 b 或 B、h 或 H 分别表示二进制和十六进制),使得同一个整型数据可以以不同的表现形态出现。对于 double 类型,增加一种长 double 型(long double 或后缀 l、L);对于 char 类型,增加一种宽 char 型(wchar_t 或前缀 L)、一种 Unicode 字符类型(char16_t 或前缀 u,char32_t 或前缀 U)。除布尔类型和扩展的字符类型外,其他类型还可以分为无符号的(unsigned 或后缀 u、U)和有符号的(signed)两种。并且,这种细粒度的区分,也会对基本类型的特性产生细微的改变。例如:short 类型的存储大小为 1 个字节,wchar_t 类型的存储大小为 2 个字节,等等。

程序如何存放一个数据:常量和变量

现实世界中,无论什么东西,一般都是两种基本呈现方式。一种是直接的、明显的。例如:一个苹果、某个人,等等。这种呈现方式比较直观,不可改变;另一种是间接的、不明显的。例如:盒子中的苹果、房间里的某个人,等等。这种呈现方式总是将需要呈现的东西用另一个东西包装起来,可以改变。与之对应,在计算机世界中,一个数据的基本表达方式也有两种:常量和变量。常量在程序整个工作过程中,其值保持不变。它对应于直接、明显的呈现方式;变量在程序整个工作过程中,其值可以改变。它对应于间接、不明显的呈现方式。无论是常量还是变量,都满足数据类型属性。

C++语言中,常量的表示方法有两种:一种是字面值,即直接用规定的格式直观表达某个数据;另一种是符号常量,即为常量取一个符号名称。表2-1所示给出了C++语言对于字面值常量的表达规则,图2-4(a)所示给出了相应的常量描述示例,图2-4(b)所示给出了C++语言符号常量的定义方法。

表2-1 C++语言字面值常量的表达规则

数据类型	表达规则	示例
bool	true 和 false	true
char	单引号'	'h'
int	数字符号	8866
long int	L 后缀或 l 后缀	86L
八进制 int	0 前缀	0777
十六进制 int	0x 前缀	0x8F6E
float, double	小数点. 或 F 后缀或 f 后缀	16.8 或 66f
wchar_t	L 后缀及单引号'	L'h'
unsigned long long	ULL 后缀	66ULL
long double	小数点. 及 L 后缀	5.66L

```
8           十进制 int 型字面值
8.0         十进制 float 型字面值
'8'         char 型字面值
8L          十进制long型字面值
0x8         十六进制 int 型字面值
06          八进制 int 型字面值
L'a'        wchar_t 型字面值
42ULL       unsigned long long 型字面值
1E-3F       float 型字面值
3.14159L    long double 型字面值
```

(a) 字面值常量

```
const int Age = 8;        整型常量数据Age,值为8

#define LENGTH 6.6   浮点型常量数据LENGTH,值为 6.6
                     (该方法在编译时以6.6替换LENGTH)
```

(b) 符号常量

图2-4 C++语言中的常量描述示例

为了方便处理一些不可打印或具有特殊含义的特殊符号，对于字符型常量，C++语言还提供了转义字符表达机制，即通过转义标志符号“\”，将一些常用字符转变为一种特殊含义。表 2-2 所示给出了一些转义字符。

表 2-2 C++语言中定义的转义字符示例

转义符号	含义
\n	换行符
\v	纵向制表符
\\	反斜杠符\
\r	回车符
\t	横向制表符
\b	退格符
\?	问号符
\f	进纸符
\a	报警(响铃)符
\"	双引号符
\'	单引号符

另外，基于转义表达机制，C++语言支持泛化的转义序列表达方式，即以前缀\x 后紧跟 1 个或多个十六进制数字，或者以前缀\后紧跟 1 个、2 个或 3 个八进制数字，来表达一个转义字符。其中，数字部分表示的是字符对应的 ASCII 码值(参见附录 B)。图 2-5 所示给出了一些示例。

```
\7  (响铃)        \12  (换行符)      \40  (空格)
\0  (空字符)      \115 (字符M)       \x4d (字符M)
```

图 2-5 C++语言中定义的泛化转义字符示例

对于变量，C++语言以存储类别(用以说明分配存储空间的时机、位置或生命期)、数据类型名、变量名以及变量的初始值几个元素构成变量数据定义语句来描述。图 2-6 所示给出了变量描述的一些示例。

```
int k = 0;          整型数据k，初始值为0
bool m = false;     布尔型数据m，初始值为false
float h = 0.0;      单精度浮点型数据h，初始值为0.0
char ch = '0';      字符型数据ch，初始值为'0'
auto int q;         整型数据q，无初始值
 |    |   |
 |    |   └变量初始值
 |    └变量名
 |   └变量的数据类型
 └变量的存储类别
  [4种：auto、static、register和extern
   auto为默认（可省略不写）]
```

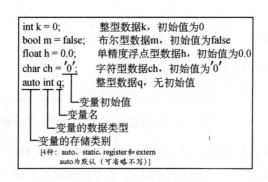

图 2-6 C++语言中的变量定义示例

显然,变量名就是处理对象(变量的值)的不明显、间接的呈现方式。相对于常量,变量具有更大的灵活性,主要表现为它为处理对象穿上了外衣,使得对处理对象的处理更加方便。例如:同一个外衣可以给相同种类的不同处理对象穿,或者,可以为一个处理对象穿上各种外衣。因此,程序设计中,变量比常量具有更加广泛的应用。事实上,符号常量就是为常量穿上外衣的表现,它也可以认为是一种特殊的变量——常变量。

2.3 程序如何存放一组数据:数据之间的关系

常量和变量解决了一个数据的基本表达问题,建立了程序设计语言中表达数据的基础方法。然而,实际问题处理过程中,往往涉及大批量的数据,这些数据可以是相同类型,也可以是不同类型。例如:全班同学的数学成绩、一个同学的学号、姓名及所有课程的成绩,等等。如果采用常量和变量机制来表达它们,显然不方便。一方面,太多的常量和变量定义导致工作量增加及记忆困难;另一方面,不方便对它们进行统一处理。因此,程序设计语言中,在常量和变量的基础上,进一步给出了多个数据之间关系的表达机制,用于对大批量数据的逻辑组织。数据之间关系的表达机制主要有堆叠、绑定和关联三种。

2.3.1 堆叠

所谓堆叠,是指将相同类型或不同类型的若干个数据并列在一起,形成一个整体。堆叠后的数据组织,一般有一个整体名,其中的每个数据称为该整体名的分量。C++语言中,基本的堆叠方法有枚举、数组和结构体三种。

1) 枚举

枚举用于符号常量的堆叠,堆叠后的整体称为枚举类型,其名称为枚举类型名。C++语言通过关键词 enum 作为枚举类型的标识。图 2-7 所示给出了枚举类型的数据组织方法及其描述和解析。

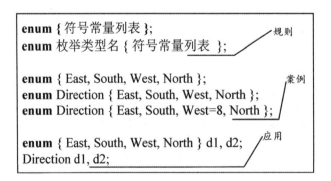

图 2-7 C++语言中枚举类型数据组织方法的描述及示例

枚举类型的名称可以给出,也可以不给出。对于枚举类型,大括号中的每个名字都是符号常量,其对应值按顺序默认从 0 开始。如果其中某个符号常量重新赋予新值,则由该符号常量开始按顺序以新值为起始值。枚举类型定义的所有符号常量,可以直接作为常量值赋给枚举类型的变量。例如:对于图 2-7,d1 = South;(参见第 3.2.1 小节)。

2) 数组

数组用于相同类型变量的堆叠,堆叠后的整体称为数组类型,整体名称为数组名。C++语言通过符号[ ]作为数组类型的标识。图 2-8 所示给出了数组类型的数据组织方法及其描述和解析。

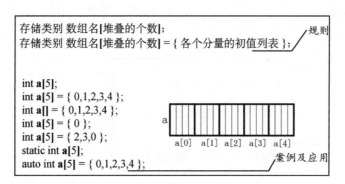

图 2-8 C++语言中数组类型数据组织方法的描述及示例

对于数组类型,其中每个数据称为数组元素,通过"数组名[数组元素标号]"访问(在此,[ ]是一种运算,称为分量运算,参见附录 A)。并且,数组元素标号按顺序从 0 开始,最后一个数组元素的标号为 $n-1$(其中,n 为数组堆叠的元素个数)。

3) 结构体

结构体用于不同类型变量的堆叠,堆叠后的整体称为结构体类型,整体名称为结构体类型名。C++语言通过关键词 struct 作为结构体类型的标识。图 2-9 所示给出了结构体类型的数据组织方法及其描述和解析。

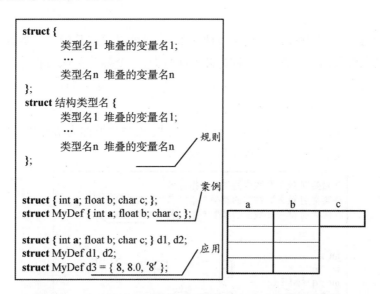

图 2-9 C++语言中结构体类型数据组织方法的描述及示例

对于结构体类型,其中每个数据称为结构体的分量,通过"结构体名.分量名"访问(在此,. 是一种运算,也称为分量运算)。

对于不同类型变量的堆叠,除结构体外,C++语言还提供一种共享堆叠空间的数据组织方法,称为联合体,并用关键词 union 作为标识。联合体中,参与堆叠的各个变量共享同一片存储空间,共享空间的大小由堆叠中占用空间最大的基本数据类型决定。显然,联合体类型的数据,每次只能存储并访问其中堆叠的数据之一,不能同时访问两个及以上数据。数据访问方式类似结构体,也是通过"联合体名. 堆叠的基本数据名"访问。图2-10 所示给出了联合体类型的数据组织方法及其描述和解析。

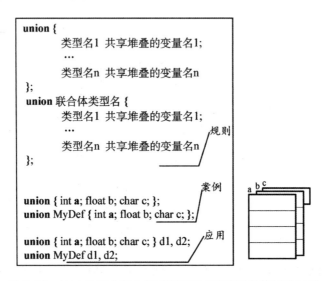

图2-10   C++语言中联合体类型数据组织方法的描述及示例

2.3.2   关联

所谓关联,是指在两个数据之间建立某种联系,使得可以通过其中一个数据间接地操作另一个数据。关联涉及两个数据,一个称为被关联数据,一个称为关联数据。关联仅仅是给出了一种机制,关联关系的建立需要明确地给予描述。关联一般只针对变量数据。C++语言通过符号 * 作为关联数据类型的标识,并将关联数据类型称为指针类型。图2-11 所示给出了指针类型的数据组织方法及其描述和解析。其中,关联数据称为指针变量(简称指针),被关联数据称为指针所指的目标(简称指针目标)。

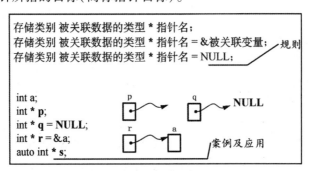

图2-11   C++语言中指针类型数据组织方法的描述及示例

对于指针,可以通过运算符 * ,间接地访问其关联的目标变量;反之,可以通过运算符 &,获取某个目标变量的存储地址,以便将该地址值赋给一个指针变量以建立两者的关联关系。

关联中,指针和指针目标是两个相对独立的变量,在关联关系明确建立之前,两者互不相干,一旦关系建立,则一个数据的变化会影响另一个数据。另外,针对同一个数据,可以按需建立多个不同的关联。反之,一个指针不能同时关联多个独立的数据。并且,指针本身的类型与其关联的目标变量的类型必须一致或匹配。

因为指针类型直接映射到内存的存储地址,因此,指针的不恰当使用会带来安全隐患。指针使用前,必须明确地建立好关联,否则,其关联是不安全的。C + + 语言中,对于指针有三种状态:无明确关联、空关联和明确关联。其中,空关联的目标通过特殊符号常量 NULL 表示(参见图 2-11),它常常用于指针的初值和对指针当前值的测试。相对于无明确关联,空关联给予指针确定化。

除上述安全隐患外,指针类型的间接操作特性还带来了另外一种安全隐患,即对目标数据的破坏问题。为了预防指针以及它所关联的目标变量数据可能涉及的安全隐患,C + + 语言中提供关键词 const 进行约束,具体解析如图 2-12 所示。

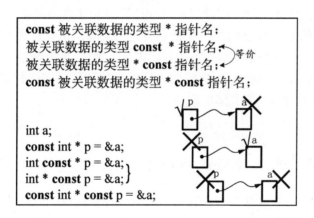

图 2-12　C + + 语言中对于指针类型数据组织方法安全隐患的约束

2.3.3　绑定

所谓绑定,是指将一个名字粘贴到某个数据上,使得该名字成为某个数据的别名或昵称,以便通过别名操作某个数据。与关联不同,绑定只涉及一个数据。绑定仅仅是给出了一种机制,绑定关系的建立需要明确地给予描述。绑定一般只针对变量数据。C + + 语言通过符号 & 作为绑定数据类型的标识,并将绑定数据类型称为引用类型,其中绑定名称称为引用变量。图 2-13 所示给出了绑定类型的数据组织方法及其描述和解析。

对于引用类型,可以直接通过引用变量访问被绑定的变量数据,不需要任何其他运算。因为它们是同一个变量。

相对于关联,绑定类型比较安全。首先,引用变量定义时就必须绑定到某个变量,即引用在使用时,其绑定关系总是明确的。其次,引用关系一旦绑定,终身不可改变。因此,消除了因随意改变关联关系或没有给予明确关联说明所带来的安全隐患。

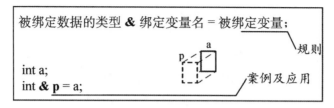

图 2-13　C++语言中绑定类型数据组织方法的描述及示例

2.4　构建数据组织的基本方法

作为程序设计的两个DNA之一——数据组织,其方法构建的基本原理是,由常量和变量构成元素集合,由堆叠、绑定和关联构成元素的关系(或运算)集合,最后由此两个集合作为二元组,构成数据组织的基本方法,即数据组织方法=({常量,变量},{堆叠,关联,绑定})。

"2+3"方法的奥妙在于,"2"中的元素通过"3"中的运算,其结果又可以作为一个粒度更大的新的"常量"或"变量"继续放入"2"中,使得"2"这个集合不断扩大。并且,扩大后的"2"这个集合中的元素继续可以通过"3"中的运算进行运算。由此可见,本质上,"2+3"方法构建了一种可以建立任意数据组织形态的万能方法。因此,数据组织也可称为"2+3"的游戏。也就是说,通过"2+3"方法,可以搭建出所需要的各种各样的数据组织结构。"2+3"游戏就是计算思维原理的一种具体应用。

2.5　程序设计中常用的数据组织形态

在此,基于"2+3"游戏,给出程序设计中常用的几种数据组织形态及其C++语言的具体描述。

2.5.1　数据组织形态及其描述

1)线性结构

基本的线性数据组织形态只有两种:连续型和非连续型。用连续型线性数据组织形态所组织的数据,在内存中连续存放,因此,这种方法一般适用于数据规模相对不变且可以预先确定的场景。并且,这种方法有利于对数据进行顺序访问和随机访问。用非连续型线性数据组织形态所组织的数据,在内存中随机存放,因此,这种方法一般适用于数据规模可变且不能预先确定的场景。但是,这种方法仅有利于对数据进行顺序访问,不利于对数据进行随机访问。

连续型线性数据组织通过堆叠实现,非连续型线性数据组织通过堆叠与关联共同实现。图2-14所示给出了两种方法的基本原理。

2.3.1小节的数组类型就是一种典型的连续型线性数据组织形态的具体实现。对于数组,也可以在其定义时进行初始化,其初始化方法是对一个变量初始化方法的拓展。具体方式是将对应于每个数组元素的所有初值用逗号分隔并用大括号括起来(参见图2-8所示)。

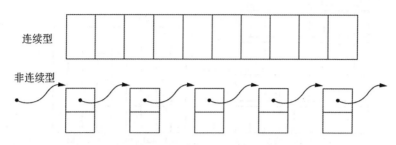

图 2-14　连续型、非连续型数据组织形态的基本原理

C++ 语言中,考虑到使用的方便性,对于数组的初始化方法给出了一些简化规则,具体参见图 2-8 的解析。由于数组在内存中是顺序连续存放,因此,第 i 个元素的存放地址等于 $i*k$(在此,k 为一个数组元素存放的字节数,该字节数由数组元素的基本数据类型决定。这也是 C++ 语言中数组元素下标从 0 开始的原因)。

　　C++ 语言中,非连续型线性数据组织形态的具体实现称为链接表(简称链表)。链表中用于关联的基本数据单元称为链表结点,最简单的结点由一个数据域和一个指针域堆叠而成。图 2-15 所示给出了一个链表定义的示例及其解析。

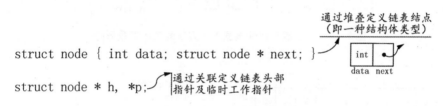

图 2-15　C++ 语言中链表的定义

　　与数组不同,链表的定义仅仅给出了基本数据元素的堆叠结构并定义若干个用于关联的指针,而链表本身并没有实现(即各个结点之间的关联并没有建立)。因此,链表的构建需要动态实现,即不能像数组一样在源程序编译时依据其定义语句分配内存,而是要在运行时动态申请结点的存储空间并动态建立基本数据元素之间的关联(参见图 3-12b 所示的解析)。正是这种动态特性,使得链表结构满足数据规模事先无法确定的应用场景。

　　C++ 语言中,对于链表只能进行顺序访问,因为每个结点数据在内存的存放地址都存放在其前面的一个结点中。因此,要访问某个结点数据,必须从链表的头指针开始,顺序经过各个结点直到要访问的结点。

　　通过"2 + 3"的游戏,对于基本的线性数据组织形态,仍然可以依据数据组织方法的原理进行自我演化,以便实现更为复杂的数据组织。图 2-16 所示解析了连续型线性数据组织方法的二阶形态(称为二维数组),图 2-17 所示解析了非连续型线性数据组织形态的二维堆叠形态(称为双向链表或双链表),图 2-18 所示解析了连续型线性数据组织形态和非连续型数据组织形态相混合的二阶形态(称为静态链表)。

　　2）层次结构

　　层次数据组织一般称为树结构,如图 2-19 所示。其中,数据元素称为树的结点,下层结点称为上层结点的子女结点,上层结点称为下层结点的父结点,最上层的结点称为根结点,

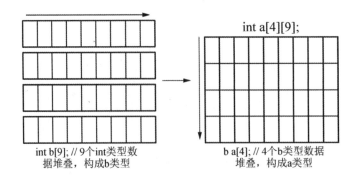

图 2-16　连续型线性数据组织方法的二阶形态（两次堆叠）

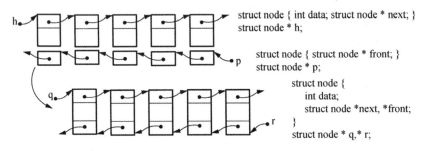

图 2-17　非连续型线性数据组织方法的二维堆叠形态

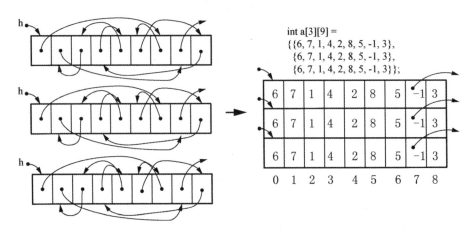

图 2-18　连续型线性数据组织方法和非连续型数据组织方法相混合的二阶形态

最下层（无子女）的结点称为叶结点。本质上，树结构是基本线性数据组织形态的一种具体应用（即多个线性结构的一端合并。或者说，除一个端结点外，线性数据组织结构的其他结点允许是另一个线性结构，将一个数据拓展到一个线性结构）。层次数据组织结构可以通过连续型线性数据组织形态的高阶应用来实现（如图 2-20 所示），也可以通过非连续型线性数据组织形态的高维堆叠应用来实现（如图 2-21 所示）。

　　不同于图 2-17 所示的堆叠，图 2-21 所示的层次数据组织形态尽管也是基本非连续数据组织形态的一阶多维堆叠应用，但它本质上是一种高阶多维堆叠，每个维度之间存在嵌套。而图 2-17 中，每个维度之间相对独立。

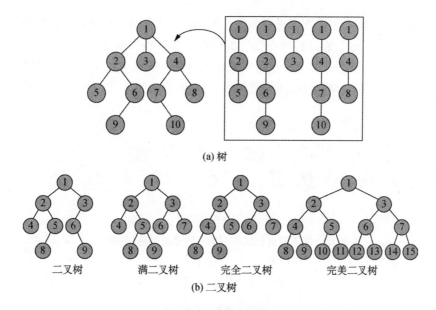

(a) 树

二叉树　　　满二叉树　　　完全二叉树　　　完美二叉树

(b) 二叉树

图 2-19　树结构示例

int tree[10][10]; // 数组元素值为1，表示两个结点相连接

	0	1	2	3	4	5	6	7	8	9
0	0	0	0	0	0	0	0	0	0	0
1	0	1	1	1	0	0	0	0	0	0
2	0	0	0	0	1	1	0	0	0	0
3	0	0	0	0	0	0	0	0	0	0
4	0	0	0	0	0	0	1	1	0	0
5	0	0	0	0	0	0	0	0	0	0
6	0	0	0	0	0	0	0	0	1	0
7	0	0	0	0	0	0	0	0	0	1
8	0	0	0	0	0	0	0	0	0	0
9	0	0	0	0	0	0	0	0	0	0

结点号　0　1　2　3　4　5　6　7　8　9

图 2-20　基于连续型线性数据组织方法的树结构实现（对应图 2-19a）

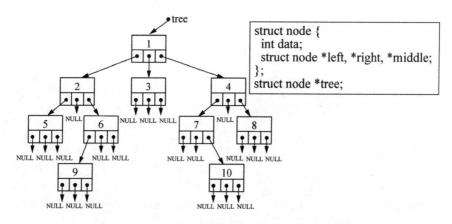

```
struct node {
  int data;
  struct node *left, *right, *middle;
};
struct node *tree;
```

图 2-21　基于非连续型线性数据组织方法的树结构实现（对应图 2-19a）

层次数据组织形态同样可以继续进行高维扩展,图 2-22 所示是对层次数据组织结构的一阶多维堆叠(其具体的实现是通过连续型线性数据组织形态和非连续型线性数据组织形态的混合应用)。图 2-23 所示是对层次数据组织结构的高阶多维堆叠。主流操作系统 Windows和 UNIX/Linux 中的文件管理所采用的组织方法分别就是如图 2-22 和图 2-23 所示。

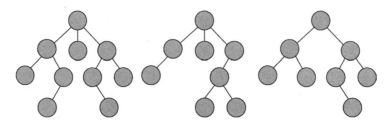

图 2-22　层次数据组织结构的一阶多维堆叠(森林)

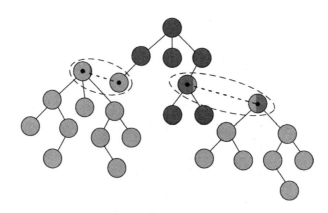

图 2-23　层次数据组织结构的高阶多维堆叠(树的树)

3)网状结构

网状数据组织一般称为图结构,如图 2-24 所示。其中,数据元素称为顶点,数据元素之间的连线称为边(无向边或有向边),连线上的数据称为权。本质上,它也是两种基本线性数据组织形态的一种具体应用(即多个线性数据组织结构的交叉)。图结构可以通过连续型线性数据组织形态的高阶应用实现(如图 2-25 所示,该结构也称为"邻接矩阵"),也可以通过非连续型线性数据组织形态的高维堆叠应用实现(如图 2-26 所示,该结构也称为"邻接表")。

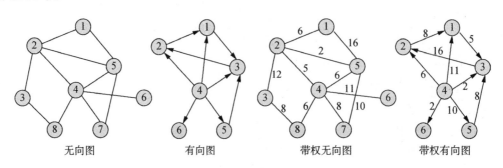

图 2-24　图结构示例

int graph [8][8];

0	1	0	0	1	0	0	0
1	0	1	1	1	0	0	0
0	1	0	0	0	0	0	1
0	1	0	0	1	1	1	1
1	1	0	1	0	0	1	0
0	0	0	1	0	0	0	0
0	0	0	1	1	0	0	0
0	0	1	1	0	0	0	0

int graph [6][6];

0	0	0	0	1	0
1	0	0	0	0	0
0	1	0	0	0	0
1	1	1	0	1	1
0	0	1	0	0	0
0	0	0	0	0	0

int graph [8][8];

0	6	0	0	16	0	0	0
6	0	12	5	2	0	0	0
0	12	0	0	0	0	0	8
0	5	0	0	6	11	8	6
16	2	0	6	0	0	11	0
0	0	0	11	0	0	0	0
0	0	0	8	11	0	0	0
0	0	8	6	0	0	0	0

int graph [6][6];

0	0	5	0	0	0
8	0	0	0	0	0
0	16	0	0	0	0
11	6	2	0	10	2
0	0	8	0	0	0
0	0	0	0	0	0

图 2-25　基于连续型数据组织结构高阶应用的图结构实现（对应图 2-24）

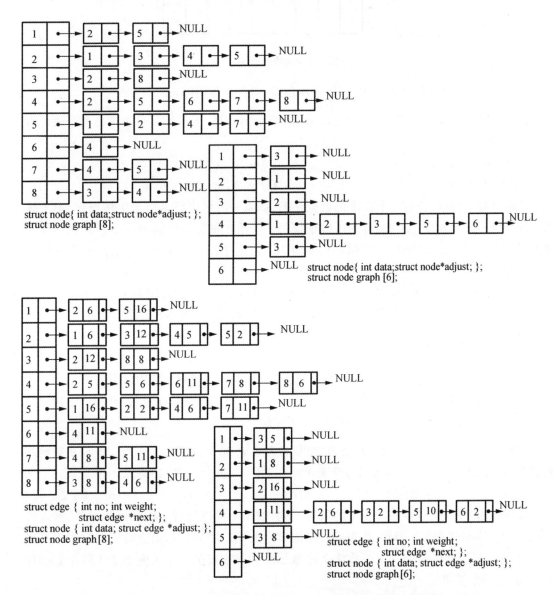

图 2-26　基于非连续型数据组织结构高阶应用的图结构实现（对应图 2-24）

2.5.2　实战应用

1) 堆栈

堆栈是线性数据组织结构的一种具体应用,在程序设计中有着广泛的用途。堆栈一般用于作为数据处理方法的辅助数据组织结构,帮助数据处理方法的实现。

对于线性数据组织结构,施加如下的使用规则:(1)数据元素的插入与删除都在同一端进行,另外一端封闭;(2)每次操作只能是一个数据元素。那么,该线性结构就称为堆栈。如图2-27所示。

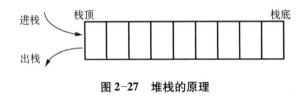

图2-27　堆栈的原理

C++语言中,堆栈的具体实现,可以使用数组,也可以使用链表。

【例2-1】　对于入栈顺序为a, b, c, d, e, f, g的顺序,下列(　　)不可能是合法的出栈序列?（NOIP2017）

A) a, b, c, d, e, f, g　　　　　　　B) a, d, c, b, e, g, f

C) a, d, b, c, g, f, e　　　　　　　D) g, f, e, d, c, b, a

依据堆栈的原理,任意一个长度的数据序列,如果一次性进行入栈和出栈操作,则入栈和出栈的顺序必然相反。因此,首先可以根据每一个给定的输出序列判断出它对原始数据序列进行了几次的长度分解,即将原来长度为7的数据序列分割成了几个长度小于7的小数据序列。对于本题,结果如下:

A) a, b, c, d, e, f, g　　　　　　　a, b, c, d, e, f, g　7个小序列

B) a, d, c, b, e, g, f　　　　　　　a, b, c, d, e, f, g　4个小序列

C) a, d, b, c, g, f, e　　　　　　　a, b, c, d, e, f, g　3个小序列

D) g, f, e, d, c, b, a　　　　　　　a, b, c, d, e, f, g　1个小序列（即没有分解）

其次,对于每个小序列,仍然依据堆栈的原理进行判断。显然,答案C中的第二个小序列违反了堆栈原理。因为答案输出d,所以原序列b, c, d必然要依次进栈,此时的出栈顺序应该是d, c, b,而答案是d, b, c。因此,本题答案为C。

【例2-2】　设堆栈S的初始状态为空,数据元素a, b, c, d, e, f依次入栈S,出栈的序列为b, d, c, f, e, a,则堆栈S的容量至少应该是(　　)。（NOIP2008）

A) 6　　　　　　B) 5　　　　　　C) 4　　　　　　D) 3　　　　　　E) 2

依据堆栈的原理,任意一个长度的数据序列,如果一次性进行入栈和出栈操作,则入栈和出栈的顺序必然相反。因此,首先可以根据给定的输出序列判断出它对原始数据序列进行了几次的长度分解,即将原来长度为7的数据序列分割成了几个长度小于7的小数据序列。对于本题,结果如下:

b, d, c, f, e, a　　　　　　　　　a, b, c, d, e, f　3个小序列

其次,对于每个小序列,仍然依据堆栈的原理进行判断。由于三个小序列的长度都为 2,因此,堆栈只要能够容纳 2 个数据即可。但本题第一个小序列遗留数据 a 在堆栈中未出栈,所以为了能够保证后面两个小序列的正确操作,堆栈的容量至少应该为 3(2 +1 = 3)。因此,本题答案为 D。

【例 2-3】 Editor(HDOJ4699)

问题描述:维护一个整数序列的编辑器,有如下五种操作:

I x:在当前位置之后插入一个整数 x,插入后当前位置移到 x 之后;

D:删除当前位置之前的一个整数,即按下退格键 Backspace;

L:当前位置向左移动一个位置即按下光标左移键←;

R:当前位置向右移动一个位置即按下光标右移键→;

Q k:询问在位置 k 之前的最大前缀和(k 不超过当前位置)。

本题有一个非常明显的特点,即四种编辑操作都在当前位置,并且当前位置改变至多是 1 个位置。因此,针对本题,可以建立三个数据组织结构:两个堆栈 S1、S2 和一个辅助数组 Q。S1 用于存储从序列开头到当前位置的一段子序列,S2 用于存储从序列当前位置到结尾的一段子序列,S1 和 S2 都以当前位置为栈顶(即构成"对顶栈")。Q 用于记录对应于 S1 堆栈相应各个位置的前缀和最大值。

编辑器的四种操作分别对应于堆栈 S1 和 S2 的入栈和出栈操作(I x 和 D 两个操作对应堆栈 S1 的入栈与出栈,L 和 R 操作对应 S1 出栈/S2 进栈或 S2 出栈/S1 进栈)。伴随着 S1 堆栈的入栈操作,同步更新当前最大值并记录在 Q 数组中(即 I x 和 R 操作)。因此,对于询问操作,就可以直接从数组 Q 中轻松得到答案。

2) 队列

队列也是线性数据组织结构的一种具体应用,在程序设计中也有着广泛的用途。与堆栈一样,队列一般也是用于作为数据处理方法的辅助数据组织结构,帮助数据处理方法的实现。

对于线性数据组织结构,施加如下的使用规则:(1)数据元素的插入在一端进行,数据元素的删除在另一端进行;(2)每次操作只能是一个数据元素。那么,该线性结构就称为队列。如图 2-28 所示。

图 2-28 队列的原理

C++语言中,队列的具体实现,可以使用数组。与堆栈不同,随着进队和出队的多次操作,用于实现堆栈的数组前端部分会被严重浪费,为此,实际应用中常常优化为循环队列,即将队列看作是一个首尾相接的环,只要队列中的数据元素个数在任何时刻都不超过环的长度,则随着入队和出队操作的进行,存储数据元素的那一段位置就会沿着环不停地移动,重复利用曾经被占用过的空间。另外,队列还有各种变体,例如:两端都可以进行入队/出队操作的双端队列,用于出队时取得最值的优先队列,等等。

【例2-4】 Team Queue(POJ2259)

问题描述:有 n 个小组要进行排队,每个小组有若干个人。当一个人来到时,如果队伍中已经有自己小组的成员,他就直接插队排在自己小组成员的后面,否则就站在队伍的最后面。给定不超过 $2*10^5$ 个入队指令(编号为 X 的人来到队伍)和出队指令(队头的人出队),输出出队的顺序。

本题中,显然每个小组可以用一个队列表示,共有 n 个队列。另外,对于某个人而言,他首先需要知道自己的小组号,以便入队(即排在自己小组成员的后面);如果他是其小组到达的第一个人,则应该加入一个新的队列(即站在队伍的最后面,表示又出现一个新的小组)。为此,显然还需要一个队列用于记录小组编号。

因此,本题可以通过 n+1 个队列解决。事实上,本题也是队列的一种多维应用。其中,用于记录小组编号的队列为主队列(相当于二维数组的行指针),每个小组的队列为副队列(相当于二维数组的每个行)。

【例2-5】 设循环队列中数组的下标范围是 1~n,其头尾指针分别为 f 和 r,则其元素个数为( )。

1) r-f   B) r-f+1   C) (r-f)%n+1   D) (r-f+n)%n

首先,本题是循环队列,因此,将一个线性的数组转变为环状结构,一般采用取模运算(C++语言中,取模运算符为%);其次,模的大小应该是数组的大小,即 n;再次,对于线性结构,队列中元素个数应该是 r-f+1,由于本题是循环队列,可能出现 r<f 的情况,因此,再补上 n(即 r-f+1+n),相当于将减去 f 转变为加上(-f)的补(即 r-f+1=r+n-f+1,如图2-29所示)。另外,模 n 运算的结果总是 0~n-1,但本题数组的下标范围是 1~n,因此,最后结果需要再减1进行调整,即 r-f+1+n-1=r-f+n;最后,本题答案为 D。

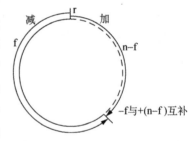

图2-29　模运算的加减互换

由图2-29可以得到启发,凡是具备环状特征的运算,减法都可以转变为加法。

3) 数据输入时的数据组织

数据输入问题是程序构造时首先需要考虑的问题,对于题目给定的原始数据的输入顺序和方法,结合审题所得到的数据处理方法(有关处理方法的介绍,参见第3章至第8章),需要自己通过"2+3"游戏设计相应的数据组织结构,以便将原始数据读入到所设计的数据组织结构中,提供给数据处理方法使用。

【例2-6】 求最值

问题描述:从 n 个数中挑选出最大的数。

输入格式:共两行,第一行为一个整数n,表示数据的个数;第二行为用空格隔开的 n 个整数;

输出格式:共一行,一个整数,即最值。

首先,本题的原始数据输入涉及同类型的批量数据组织问题,程序中可以通过数组作为数据输入时的数据组织结构。其次,本题数组的大小也是由输入决定的,因此,不能直接用静态数组,而是要根据输入的大小 n,动态申请空间并自动隐式地建立关联,通过关联方式访问数组(即动态数组,参见图 3-23)。

【例 2-7】 求图结构中顶点的入度与出度

问题描述:图结构中,顶点的度是指连接该顶点的边的数量。对于有向图而言,顶点的度又可分为入度和出度。入度是指指向该顶点的边的数量,出度是指该顶点指向其他顶点的边的数量。

输入格式:共 b +1 行,第一行为用空格分隔的三个正整数 n、b 和 m,分别表示图的顶点总数、边的数量和需要求其入度和出度的指定顶点。第 2 行至第 b +1 行,每行为用空格分隔的两个正整数,表示图的一条有向边。

输出格式:一行,包含两个用空格分开的正整数(指定顶点 m 的入度与出度)。

面向图结构输入的数据组织问题,是程序设计中典型的一种数据输入时的数据组织方法应用场景。依据图结构的存储原理(参见图 2-25、图 2-26。它们是典型的"2 +3"游戏),显然,本题既可以通过二维数组来记录原始图结构的信息,也可以通过"邻接表"来记录原始图结构的信息,利用数组,处理时相对简单。与例 2-6 类似,数组显然也是采用动态数组。然而,考虑到 n 较大时,连续的动态空间申请有时会不方便,此时也可以采用"邻接表"结构。

4)处理过程中的数据组织

每一种数据处理方法在对原始数据的处理过程中,或多或少地都需要用到一些辅助的数据组织结构,以方便其处理。例如:在树/图结构的深度优先遍历方法(参见例 3-18)中需要用到堆栈,在树/图结构的宽度优先遍历方法(参见例 3-18)中需要用到队列,等等。因此,处理过程中的数据组织也需要通过"2 +3"的游戏按需自己设计。

【例 2-8】 Snowflake Snow Snowflakes(POJ3349)

问题描述:有 N 片雪花,每片雪花由六个角组成,每个角都有长度。第 i 片雪花六个角的长度从某个角开始顺时针依次为 $a_{i,1}$, $a_{i,2}$, $a_{i,3}$, $a_{i,4}$, $a_{i,5}$, $a_{i,6}$。因为雪花的形状是封闭的环形,所以从任何一个角开始顺时针或逆时针依次记录长度所得到的六元组都代表同一形状的雪花。如果两片雪花相同,当且仅当它们各自从某一个角开始顺时针或逆时针记录长度,能得到相同的两个六元组。求这 N 片雪花中是否存在两片形状相同的雪花?

对于同一片雪花,依据起点角和顺/逆时针方向的不同,记录六个角长度的六元组会存在多种(12 种),为了判断两片雪花是否相同,按照规则,首先雪花需要两两组合,其次每个组合又需要对两者的起点角枚举所有组合,最后每个组合还需要对顺/逆时针方向都进行判断。显然,对于 N 比较大的时候,这种朴素方法不适应。事实上,无论雪花起点角及顺/逆时针方向如何选择,对于该雪花六个角的长度之和、长度之积都是一样的。因此,可以通过六个角的长度之和和长度之积构造一个函数,使得能够通过该函数把所有雪花映射到一个 N 大小的数组对应位置,相当于对所有雪花进行一次分类。进而,对于同一个位置(即同一类)的雪花再枚举其六元组各种组合。由此,把一个复杂多重组合判断问题转变为两个相对简单的独立阶段判断问题(第一个阶段通过函数映射,大大简化了雪花需要两两组合的问题;第二个阶段仍然是对两者的起点角所有组合枚举以及每个组合的顺/逆时针方向判断,但其涉及的雪花数量已经大幅度减少)。

因此,针对本题,首先需要构造一个数组,用以记录雪花六个角长度(六元组);其次,需要一个 N 大小的数组,用于记录雪花的分类;最后,需要一个单链表,用于记录同一类的多个雪花。通过"2 +3"的游戏,针对本题可以设计出如图 2-30 所示的数据组织结构,该结构称为 hash 结构或 hash 表,所构造的相应映射函数称为 hash 函数。

图 2-30　处理"雪花"问题的数据组织结构

【例 2-9】 *前缀统计*

问题描述:给定 N 个字符串 S_1, S_2, $\cdots$, S_N,接着进行 M 次询问,每次询问给定一个字符串 T,求 $S_1 \sim S_N$ 中有多少个字符串是 T 的前缀。

所谓前缀,是指一串符号(称为字符串,参见例 3-15)中从头开始的所有可能长度的符号序列,例如:对于"abcd",其前缀有"a"、"ab"、"abc"、"abcd"。判断一个符号串是否为另一个符号串的前缀,显然需要进行两个符号串的匹配。如果字符串都比较长,并且 N 和 M 也比较大,则通过匹配方求求解本题是不适合的。为此,可以将 N 个字符串构成一种树状结构,充分利用树状结构插入和匹配操作所具有的较好执行效率。

具体而言,首先将 N 个字符串 S_1, S_2, $\cdots$, S_N,全部通过插入操作构建一棵 26 叉树(该结构称为前缀树/字典树,Trie),方法是:对于每个字符串,按顺序逐个提取字符并插入 Trie 中。其次,让每个结点中存储一个整数,用于记录该结点是多少个字符串的尾结点,方法是:在构建 Trie 的过程中同步计数。最后,对于每个询问,在该 Trie 结构中匹配字符串 T,匹配过程中累加途经的每个结点的整数值即可。

因此,针对本题,首先需要通过"2 +3"的游戏构建一个关联,用以存放字符串;其次,需要通过"2 +3"的游戏构建一个 Trie 结构(如图 2-31 所示),用于存储原始的各个字符串。

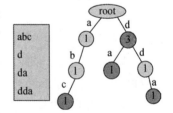

图 2-31　含有统计值的 Trie 结构数据组织

【例 2-10】 *合并果子*(NOIP2004/CODEVS1063)

问题描述:在一个果园里,多多已经将所有的果子打了下来,而且按果子的不同种类分成了不同的堆。多多决定把所有的果子合成一堆。每一次合并,多多可以把任意两堆果子合并到一起,消耗的体力等于两堆果子的重量之和。可以看出,所有的果子经过 n -1 次合并之后,就只剩下一堆了。多多在合并果子时总共消耗的体力等于每次合并所耗体力之和。

因为还要花大力气把这些果子搬回家,所以多多在合并果子时要尽可能地节省体力。假定每个果子重量都为 1,并且已知果子的种类数和每种果子的数目,你的任务是设计出合并的次序方案,使多多耗费的体力最少,并输出这个最小的体力耗费值。例如:有 3 种果子,数目依次为 1,2,9。可以先将 1,2 堆合并,新堆数目为 3,耗费体力为 3。接着,将新堆与原先的第三堆合并,又得到新的堆,数目为 12,耗费体力为 12。所以多多总共耗费体力为 3 + 12 = 15。可以证明 15 为最小的体力耗费值。

输入格式:包括两行,第一行是一个整数 n(1 <= n <= 10 000),表示果子的种类数。第二行包含用空格分隔的 n 个整数,第 i 个整数 ai(1 <= ai <= 20 000)是第 i 种果子的数目。

输出格式:包括一行,包含一个整数,也就是最小的体力耗费值。输入数据保证这个值小于 2^31。

由题目可知,因为每次合并消耗的体力等于两堆果子的重量之和,所以最终消耗的体力总和就是每堆果子的重量乘它参与合并的次数。由于每堆果子的重量是明确的,显然,要使得总的体力消耗为最小,必须是重量大的果子堆的合并次数应该小。因此,可以采用如下方法:每次总是合并重量最小的两堆果子,直到最后一次合并。将合并过程构造成一棵二叉果树,则每堆果子的重量相当于各个叶结点的权值,每堆果子参与合并的次数相当于与各个叶结点到树根的路径长度,如图 2-32 所示。该结构称为 Huffman 树。

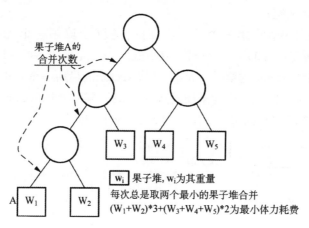

图 2-32 Huffman 树结构

另外,为了每次合并时能够快速找到两个重量最小的果子堆,需要不断地对当前剩余的果子堆进行序列化操作。这对于对果子堆很多时,执行效率是十分低下的。因此,可以采用小根堆(参见图 6-9)来解决此问题。

因此,针对本题,首先需要通过"2 + 3"的游戏构建一个小根堆数据组织结构,用来不断产生两个重量最小的果子堆;其次,需要通过"2 + 3"的游戏构建一个 Huffman 树结构,用于存储果子堆合并的过程。

2.5.3 STL 中预定义的常用数据组织结构

STL 是 C++标准模板库,其中预先为我们定义好了一系列常用的数据组织结构(STL

中称为容器),方便我们使用。相对于自己通过"2+3"游戏定义的数据组织结构,STL中的预定义数据组织结构具有良好的特性、执行效率和数据类型自适应性(即泛型设计/泛型编程)。并且,STL通过迭代器隔离算法(即数据处理方法)和容器(即数据组织方法),以便消除两者的紧耦合关系。也就是说,容器一般都要配一个迭代器,算法通过迭代器访问或操作容器,这样同一个算法可以方便地操作不同容器,同一个容器也可以方便地被不同算法操作。在此,主要概述各种常用容器的良好特性及其数据组织结构维护的相关基本操作。

1) vector

vector可以看做是一个可变大小的数组(即动态数组),相对于自己构造的数组,vector具有较多的良好特性。首先,它可以按需自动改变大小,改变大小的方法采用倍增思想。假设vector的最大长度为m,目前实际长度为n,每当向vector中加入元素时,如果n=m,则在内存中重新动态申请长度为2m的连续空间,并把现有内容转移到新的空间,然后加入元素;每当从vector中删除元素时,先删除指定元素,然后判断:如果n<=m/2,则释放一半的连续空间。其次,它支持随机访问,即可以像数组一样通过元素下标直接访问元素。第三,它提供一系列辅助功能,方便组织和维护数据的结构。具体如下:

◆ size 告知vector的实际长度,即目前已存放的数据元素的个数;

◆ empty 告知vector是否为空;

◆ clear 将vector清空;

◆ begin/end 指向vector第一个元素所在的位置(获取第一个元素的下标)/指向vector最后一个元素所在位置的下一个位置(获取最后一个元素的下标+1);

◆ front/back 获取vector的第一个元素/获取vector的最后一个元素;

◆ push_back/pop_back 将一个元素插入到vector的尾部/删除vector的最后一个元素。

利用vector进行数据组织的基本方法如图2-33所示。

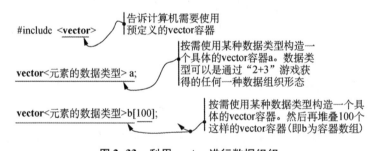

图2-33 利用vector进行数据组织

2) queue, priority_queue, deque

queue是一种循环队列,它是普通队列的变种,可以充分复用队列的空间。它提供一系列辅助功能,方便组织和维护数据的结构。具体如下:

◆ push 将数据元素从队尾入队;

◆ pop 将数据元素从队头出队;

◆ front 获取队头位置的数据元素;

◆ back 获取队尾位置的数据元素。

利用queue进行数据组织的基本方法如图2-34所示。

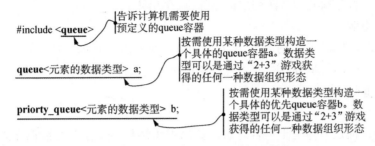

图 2-34 利用 priority_queue 进行数据组织

priority_queue 是优先队列,其内部实现是一个大根二叉堆结构,它是树状层次型数据组织结构的一种具体应用。它主要用来以较好的执行效率产生出数据集的最值。为了支持任意类型,特别是通过"2 + 3"游戏构造出来的类型,priority_queue 要求相应的数据类型必须提供"＜"(小于)运算的明确定义(对于基本的数据类型,小于运算是预先规定的、明确的;但对于构造出来的类型,小于运算无法预先规定,因此需要自己给出定义(参见图 5-2)。否则无法实现大小比较。

priority_queue 也提供一系列辅助功能,方便组织和维护数据的结构。具体如下:

◆ push 将数据元素插入堆;

◆ pop 将数据元素从堆顶(即二叉树的根结点)删除;

◆ top 获取(或查询)堆顶的数据元素(即最值)。

利用 priority_queue 进行数据组织的基本方法如图 8-6(c)所示。

priority_queue 默认是构造一种大根堆数据组织结构,如果要实现小根堆结构,对于构造类型只要将其提供的"＜"(小于)运算定义改为"＞"(大于)运算定义即可。对于基本数据类型,可以采用两种方式:(1)以要插入的数据元素的相反数作为数据元素即可;(2)可以通过"2 + 3"游戏构建一种结构体类型,以原来的"＞"(大于)运算为基础,重新定义其"＜"(小于)运算(如图 2-35 所示)。

```
struct rec { int id; double value; };

bool operator < ( const rec& a, const rec& b )
{
    return a.value > b.value;
}
```

图 2-35 基本数据类型小根堆的"＜"(小于)运算定义方法

deque 是一个双端队列,它可以理解为普通队列的二维扩展,可以同时支持在一个线性数据组织结构的两端进行数据元素的插入和删除。deque 提供一系列辅助功能,方便组织和维护数据的结构。具体如下:

◆ [ ] 随机访问队列中的一个数据元素;

◆ begin/end 获取队列的头/尾的位置;

◆ front/back 获取队列头/尾位置上的数据元素;

◆ push_back 将数据元素插入到队列尾部(队尾入队);

◆ push_front 将数据元素插入到队列头部(队头入队);

◆ pop_front 将数据元素从队列头部删除(队头出队);

◆ pop_back　将数据元素从队列尾部删除(队尾出队);

◆ clear　清空队列。

利用 deque 进行数据组织的基本方法与 queue、priority_queue 的使用方法类似,只是 deque 容器存放在头文件 deque 中,使用时需要包含头该文件,即使用#include ＜deque＞,而不是#include ＜queue＞。

3) set,multiset

set 和 multiset 都是一种基于集合思想的数据组织结构,set 存放的数据元素不能重复,而 multiset 存放的数据元素允许重复(即可以包含若干个相等的数据元素)。它们都是树状层次型数据组织结构的一种具体应用,称为红黑树(平衡树的一种。有关平衡树、红黑树的概念,参见"快乐编程"中级本或其他"数据结构"教材)。

与优先队列一样,set 和 multiset 也要求相应的数据类型必须提供"＜"(小于)运算的明确定义。

set 和 multiset 提供一系列辅助功能,方便组织和维护数据的结构。具体如下:

◆ size/empty/clear　获取集合中数据元素的个数,判断集合是否为空及清空整个集合;

◆ begin/end　获取集合的首、尾迭代器(即相当于位置指针);

◆ insert　将一个指定的数据元素放入到集合中。对于 set 容器,如果指定的数据元素已经存在,则不会重复放入;

◆ find　在集合中查找等于指定数据元素的数据元素,并获取指向该数据元素的迭代器。若不存在,获得集合的尾部迭代器 end;

◆ lower_bound/upper_bound　查找大于等于指定数据元素的所有数据元素中最小的一个,并获取指向该数据元素的迭代器/查找大于指定数据元素的所有数据元素中最小的一个,并获取指向该数据元素的迭代器;

◆ erase　从集合中删除指定迭代器位置上的数据元素,或者删除所有等于指定数据元素的数据元素;

◆ count　获取集合中等于指定数据元素的个数。

利用 set 和 multiset 进行数据组织的基本方法与其他容器的使用方法类似,其需要包含的头文件是 set,即#include ＜set＞。

4) bitset

bitset 可以看作是一个多位的二进制数,它是线性数据组织结构的一种具体应用,可以支持基本的位运算,即按位取反(~)、按位与/或/异或(&/|/^)、左右移位(＜＜、＞＞)、比较(==、!=)。

bitset 提供一系列辅助功能,方便组织和维护数据的结构。具体如下:

◆[]　随机存/取某个位;

◆ count　获取值为 1 的位的个数;

◆ any/none　如果所有位的值都是 0,则分别获得 false/true;如果至少一个位的值为 1,则分别获得 true / false;

◆ set/reset/flip　将 bitset 的所有位置 1 或某一位改为 0 或 1/将 bitset 的所有位置 0 或某一位改为 0/将 bitset 的所有位取反或某一位取反。

利用 bitset 进行数据组织的基本方法,如图 2-36 所示。

图 2-36 利用 bitset 进行数据组织

5) map

map 是以键—值对(key-value)映射二元组作为数据元素的数据类型,它也是树状层次型数据组织结构的一种具体应用,是以 key 为关键码的红黑树。map 的 key 和 value 可以是任意类型,并且,key 的类型必须支持"<"(小于)运算的明确定义。

map 提供一系列辅助功能,方便组织和维护数据的结构。具体如下:

◆ size/empty/clear 获取 map 中数据元素的个数,判断 map 是否为空及清空整个 map;

◆ begin/end 获取 map 的首、尾迭代器(即相当于位置指针);

◆ insert/erase 向 map 中插入键—值对/从 map 中删除键—值对;

◆ find 在 map 中查找指定 key 值的键—值对二元组,并获得指向该二元组的迭代器。如不存在,获得 map 的尾部迭代器 end;

◆ [ ] 获取指定 key 值对应的映射 value 的引用,或者设置指定 key 值对应的映射 value 的值。如果指定的 key 值不存在,则 map 会以指定的 key 值和 zero 作为键—值对,自动新建一个二元组,并返回 zero 的引用。在此,zero 表示一个广义的"零值",依据具体的数据类型不同,可以是整数 0、空字符串,等等。

利用 map 进行数据组织的基本方法与其他容器的使用方法类似,不再赘述。

本章小结

本章主要解析了程序设计要素之一——数据组织的基本方法,解析了数据组织方法的基本原理,并给出了程序设计中常用的几种数据组织形态。同时,通过具体示例解析了数据组织方法的具体应用。

习　题

1. 数据类型的主要作用是什么? C++语言定义了哪几种基本的数据类型?

2. 什么是常量? 什么是变量? 什么是常变量?

3. 数据之间的关系有哪三种?

4. 请解释关联与绑定的区别。

5. 通过数据之间的关系,C++语言可以出现哪几种构造数据类型?

6. 请解释什么是"2 + 3"的游戏?

7. 完全二叉树共有 $2*N-1$ 个结点,则它的叶结点数是( )(NOIP2008)

    A) $N-1$ B) $2*N$ C) N D) 2^N-1

    E) $N/2$

8. 对于数组定义"double a[2];",以下描述正确的是( )。

    A) 定义一维数组 a,包含 a[1]和 a[2]两个元素

    B) 定义一维数组 a,包含 a[0]和 a[1]两个元素

    C) 定义一维数组 a,包含 a[0]、a[1]和 a[2]三个元素

    D) 定义一维数组 a,包含 a(0)、a(1)和 a(2)三个元素

9. C++语言中,引用数组元素时,其下标的数据类型允许为( )。

    A) 整型常量   B) 整型常量表达式

    C) 整型常量或整型常量表达式   D) 任何类型的表达式

10. 假设一个一维数组在内存中的"首地址"是1000,每个元素占用两个字节,则第5个元素的存储地址开始于( )。

    A) 1010   B) 1008   C) 1000   D) 1009

11. 对于定义"int a[3][4];",则对 a 数组元素的非法引用是( )。

    A) a[0][2*2]   B) a[1][3]

    C) a[4-2][0]   D) a[0][4]

12. 对二维数组进行定义,正确的语句是( )。

    A) inta[3][ ]   B) float a[3,2]

    C) double a[3][4]   D) float a(3)(4)

13. 对二维数组进行初始化,正确的语句是( )。

    A) int c[3][ ] ={{3},{3},{4}}

    B) int c[ ][3] ={{3},{3},{4}}

    C) int c[3][2] ={{3},{3},{4},{5}}

    D) int c[ ][3] ={{3},{1},{4,5,2,1}}

14. 请解释图 2-21、图 2-26 中数据组织的"2+3"游戏应用原理。

15. 学习补码概念,解释为什么计算机只有加法运算? 其他运算是如何实现的?

16. 结合第 3 章,对于多阶堆叠的各种数据组织结构,用 C++语言描述并上机验证。

17. 一棵二叉树的高度为 h,所有结点的度为 0,或为 2,则此树最少有( )个结点。

    【NOIP2001 提高组】

    A) 2^h-1 B) $2*h-1$ C) $2*h+1$ D) $h+1$

18. 按照二叉树的定义,具有 3 个结点的二叉树有( )种。【NOIP2002 提高组】

    A) 3   B) 4   C) 5   D) 6

19. 表达式 $(1+34)*5-56/7$ 的后缀表达式为( )。【NOIP2003 提高组】

    A) $1+34*5-56/7$ B) $-*+1\ 34\ 5/56\ 7$

    C) $1\ 34+5*56\ 7/-$ D) $1\ 34\ 5*+56\ 7/-$

    E) $1\ 34+5\ 56\ 7-*/$

20. 二叉树 T,已知其前序遍历序列为 1 2 4 3 5 7 6,中序遍历序列为 4 2 1 5 7 3 6,则其

后序遍历序列为(   )。【NOIP2004】

A) 4257631 B) 4275631 C) 4275361 D) 4723561

E) 4526371

21. 二叉树 T 的宽度优先遍历序列为 ABCDEFGHI,已知 A 是 C 的父结点,D 是 G 的父结点,F 是 I 的父结点,树中所有结点的最大深度为3(根结点深度设为0),可知 F 的父结点是(   )。【NOIP2005 普及组】

A) 无法确定 B) B C) C D) D

E) E

22. 高度为 n 的均衡的二叉树是指:如果去掉叶结点及相应的树枝,它应该是高度为 $n-1$ 的满二叉树。在这里,树高等于叶结点的最大深度,根结点的深度为0,如果某个均衡的二叉树共有 2 381 个结点,则该树的树高为(   )。【NOIP2006】

A) 10 B) 11 C) 12 D) 13

23. 已知6个结点的二叉树的先根遍历是 1 2 3 4 5 6(数字为结点的编号,以下同),后根遍历是 3 2 5 6 4 1,则该二叉树的可能的中根遍历是(   )。【NOIP2006 普及组】

A) 321465 B) 321546 C) 213546 D) 231465

24. 已知7个结点的二叉树的先根遍历是 1 2 4 5 6 3 7(数字为结点的编号,以下同),中根遍历是 4 2 6 5 1 7 3,则该二叉树的后根遍历是(   )。【NOIP2007 普及组】

A) 4652731 B) 4652137 C) 4231547 D) 4653172

25. 在一个有向图中,所有顶点的入度之和等于所有顶点的出度之和的(   )倍。【NOIP2002 提高组】

A) 1/2 B) 1 C) 2 D) 4

26. 假设我们用 d = (a1, a2, …, a5),表示无向图 G 的 5 个顶点的度数,下面给出的哪(些)组 d 值合理(   )。

A) {5, 4, 4, 3, 1}   B) {4, 2, 2, 1, 1}

C) {3, 3, 3, 2, 2}   D) {5, 4, 3, 2, 1}

E) {2, 2, 2, 2, 2}

27. 在右图中,从顶点(   )出发存在一条路径可以遍历图中的每条边一次,而且仅遍历一次。【NOIP2004 普及组】

A) A 点   B) B 点

C) C 点   D) D 点

E) E 点

28. 无向完全图是图中每对顶点之间都恰好有一条边的简单图。已知无向完全图 G 有 7 个顶点,则它共有(   )条边。

A) 7 B) 21 C) 42 D) 49

29. 如果树根算第 1 层,那么一棵 n 层的二叉树最多有(   )个结点。

A) $2^n - 1$ B) 2^n C) $2^n + 1$ D) 2^{n+1}

第 **3** 章 "5 + 2"的游戏

 3.1 程序中如何表达运算:表达式

3.1.1 概述

运算的表达需要有运算式,程序中一般用表达式描述一个运算式。表达式是数据处理的最小基础单元,完成最基本的运算。表达式一般由运算量和运算符组成(允许只有一个运算量的表达式,它是表达式的最简表示),运算量就是由"2 + 3"游戏所搭建的各种数据组织结构的具体应用,运算符则是由对应于 CPU 运算器两种基本运算——算术运算和逻辑运算——而演化出来的各种基本运算的定义,包括符号表示和运算规则定义。

表达式的核心在于运算规则的定义,它一般由运算符的优先级和结合性决定。优先级规定了运算符之间的优先计算关系,即当两个运算符同时相邻地出现在一个表达式中时,哪一个运算符优先进行计算;结合性用于补充和完善优先级规则,它规定了相同优先级运算符之间的优先关系,即当两个具有相同优先级的运算符(含两个同一种运算符)同时相邻地出现在一个表达式中时,哪一个运算符先进行计算(或哪一个运算符优先与它们公共的运算量相结合)。另外,通过小括号,可以改变表达式固有的运算优先顺序。

C++语言中,表达式语义特别丰富。一方面,其数据类型非常丰富,可以细粒度的表达和组织数据;另一方面,其运算符也非常丰富。附录 A 给出了 C++语言所定义的全部运算符及其解析。

对应于 CPU 运算器的两种基本运算,表达式一般有算术表达式、关系表达式和逻辑表达式。算术表达式(由运算量和算术运算符组成)用于算术运算,关系表达式(由运算量、算术表达式和关系运算符组成)用于表达基本条件,逻辑表达式(由运算量、关系表达式和逻辑运算符组成)用于表达复合(或复杂)条件。依据运算符的优先级,显然,算术表达式计算优先于关系表达式计算,关系表达式计算优先于逻辑表达式计算。

表达式使用时,要注意运算量的类型匹配及转换问题。因为运算符都是针对相同类型数据进行的,因此,对于二元运算,每当两个不同类型的运算量出现在一个运算符的两边时,就涉及类型转换,即先将两个运算量的数据类型转变为统一,然后再进行运算。

类型转换一般是自动隐式地将存储空间小的数据类型向存储空间大的数据类型转换;反之,则需要通过显式的类型转换运算(参见附录 A 中的类型转换运算符)进行强制类型转换。强制类型转换可能会带来数据溢出问题而导致转换结果错误。

表达式是基本语句的核心,无论是计算赋值语句、输入输出语句,还是流程控制语句,它们都依赖于表达式。

3.1.2 表达式的神奇魔力——蕴含的计算思维

表达式具备自我演化特性,也就是,表达式可以嵌套,其嵌套结果仍然可以作为一个表达式并继续可以进行嵌套。

表达式的嵌套应用会带来优化求值(或短路求值)问题。所谓优化求值,是指在一个复杂混合的逻辑表达式中,当某一步计算已经得到整个表达式的最终结果时,剩余未计算的表达式不再计算,此时,剩余未计算的表达式及其所嵌套的子表达式都不再计算;或者,在条件运算中,依据条件运算的第一个表达式及其运算结果,第二个表达式和第三个表达式只能两者取一,此时,另一个表达式及其所嵌套的子表达式不再计算。因此,表达式的部分计算和全部计算两种形态的结果会对后面语句的计算带来不同的效果和影响(因为部分计算时有一些表达式及其所嵌套的子表达式没有计算,所涉及的运算量不会发生改变)。

【例3-1】 表达式的嵌套及短路求值

对于表达式!x && x++ && ++y 而言,其内部嵌套了子表达式!x、x++ 和 ++y,假设 x 的初值为66,y 的初值为88,则表达式!x && x++ && ++y 将采用优化求值,具体是,由于子表达式!x 的结果为"假",导致整个表达式结果为"假",后面的子表达式 x++ 和 ++y 不再执行。于是,x 和 y 的值仍然保持不变。

3.2 程序如何描述基本处理:基本语句

3.2.1 计算赋值语句

计算赋值语句用于将一个表达式的计算结果存储到一个变量中(或具备左值特征的表达式),作为变量的当前值(即改变一个变量原来存储的值)。C++语言中,计算赋值语句的描述方法和应用示例及解析,如图3-1所示。

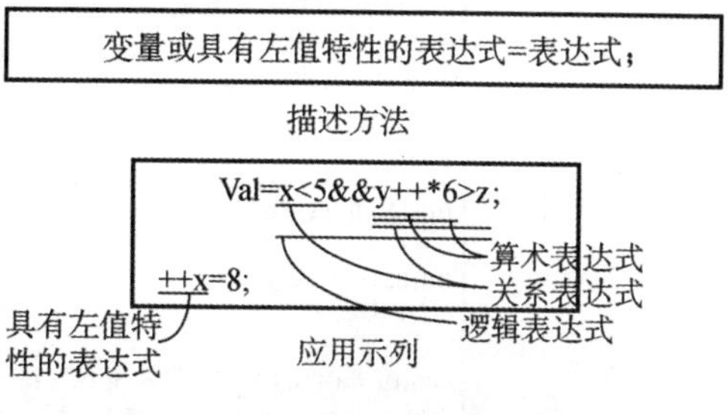

计算赋值语句中,表达式计算结果值的数据类型与待赋值变量(或具备左值特征的表达式结果)的数据类型之间,也存在类型匹配及转换问题,其转换规则与表达式中的类型转换规则一致。

变量或具有左值特性的表达式=表达式;

描述方法

Val=x<5&&y++*6>z;

算术表达式
关系表达式
逻辑表达式

++x=8;

具有左值特性的表达式

应用示列

图3-1 C++语言计算赋值语句描述方法及应用示例解析

3.2.2 输入输出语句

输入输出语句用于程序与外部的交流,输入语句用于将外部的原始数据或其他信息输入给程序;反之,输出语句用于将程序运行状态或处理结果输出给外部。输入输出语句与程序中的某种数据组织结构形态相对应,因此,输入输出语句的描述中,必须提供相应数据组织结构的名称或地址。

　　输入输出涉及系统硬件设备资源的控制,是一个比较复杂的过程,为了便于程序的输入输出,程序设计语言的支持机制都对输入输出的处理过程做了抽象和封装处理。与两代程序构造方法(分别参见第4章和第5章的解析)相对应,C++语言中也提供了两套处理机制。一套是通过预定义的库函数来解决程序的输入输出问题。具体而言,对于输入,通过库函数 scanf( )实现,对于输出,通过库函数 printf( )实现,其具体描述方式及案例解析如图3-2所示。另一套是通过提供预定义的抽象输入输出对象来解决程序的输入输出问题。具体而言,对于输入,程序可以通过输入流对象 cin 实现,对于输出,程序可以通过输出流对象 cout 实现,其具体描述方式及案例解析,如图3-3所示。第1章的 baby 程序就是利用输出流对象向世界宣告其诞生的(参见图1-15)。

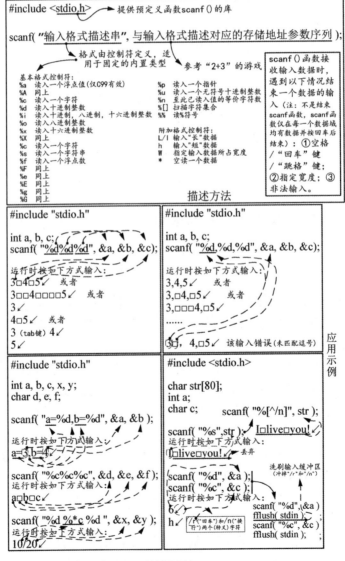

输入语句

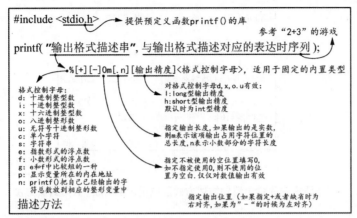

描述方法

#include "stdio.h"
 	
int i;
 	
printf("hello%n", &i);
printf("%d\n", ++i);
 	
printf("$%-10x$\n", 223);
printf("$%010x$\n", -232);
printf("$%x$\n", 223);
printf("$%#x$\n", -232)
	#include "stdio.h"
	
	int a = 15;
	float b = 138.3576278f;
	double c = 35648256.3645687;
	char d = 'p';
	
	printf("a = %d, %5d, %o, %x\n", a, a, a, a);
	printf("b = %f, %lf, %5.4lf, %e\n", b, b, b, b);
	printf("c = %lf, %f, %8.4lf\n", c, c, c);
	printf("d = %c, %8c\n", d, d);
		应
		用
		示
		例

#include "stdio.h"
 	
printf("%-20s\n", "this is a test!");
printf("%+20s\n", "2342o34uo23u");
printf("% 20s\n", "this is a test!");
printf("%#s\n", "2342o34uo23u");
	a = 15,□□□15, 17, f
	b = 138.357620, 138.357620, 1383576, 1.383576e+002
	c = 35648256.364569, 35648256364569, 35648256.3646
	d = p,□□□□□□□p	

	this□is□a□test!□□□□□ □□□□□□□□2342o34uo23u □□□□□this□is□a□test! #######2342o34uo23u	

输出语句

图 3-2 C++语言输入输出语句描述方式及应用示例解析 (面向功能方法)

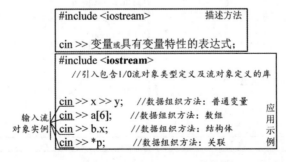

输入语句

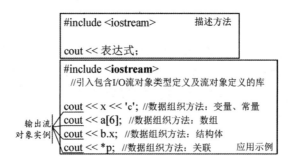

输出语句

图3-3　C++语言输入输出语句描述方式及应用示例解析（面向对象方法）

另外，对于外部存储器中数据的输入输出，C++语言也提供了与两代程序构造方法相对应的两种处理方法。外部存储器中的数据都是以文件方式存放，因此，无论哪种方法，本质上都是对文件的读写，这个操作一般需要三个基本步骤：（1）建立与文件的关系（即打开文件）；（2）读写文件；（3）断开与文件的关系（即关闭文件）。对应于两种处理方法，具体的程序描述方式如下：

1）第一种方法

● 打开文件

打开文件的具体描述及其解析，如图3-4（a）所示。其中，左边部分是通过对标准输入输出（即键盘与屏幕）进行重定向的方式实现，右边部分是直接与外存文件建立关联。

● 读写文件

读写文件的具体描述及其解析，如图3-4（b）所示。其中，左边部分对应于重定向方式的实现，右边部分对应于直接与外存文件建立关联的实现。

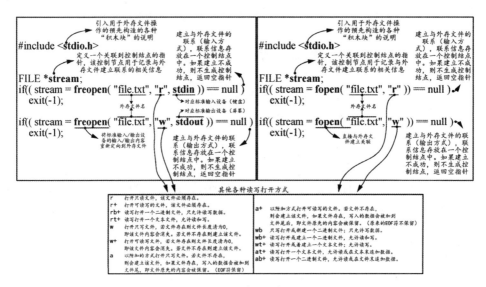

（a）打开文件

按类型和格式读写方法

scanf("%d%d", &a, &b) != EOF);	fscanf(stream, "%d%d", &a, &b) != EOF);
printf("%d\n", a+b);	fprintf(stream, "%d\n", a+b);

按字节数读写方法

fread(void *ptr, size_t size, size_t count, FILE *stream);
fwrite(const void *ptr, size_t size, size_t count, FILE *stream);

数据项个数
用于接收数据 的内存地址
需要输出的数据的内存地址
读/写的每个数据项的字节数

其他读写方法

```
int fgetc(FILE *stream);
//从文件指针所指的文件中读取一个字符,位置后移一个字节。返回读取字符的ASCII码值,遇文件末尾或
//出错时返回EOF
int fputc (char c, File *fp);
//将指定字符写到文件指针所指文件的当前写指针位置上。返回写入字符的ASCII码值,出错时返回EOF
char *fgets(char *buf, int bufsize, FILE *stream);
//从文件指针所指文件中读取一行数据保存在buf所指的字符数组中,每次最多读取bufsize-1个字符(第
//bufsize个字符自动赋'\0')。返回buf,失败或遇文件结尾返回NULL。
int fputs(char *str, FILE *fp);
//向指定的文件写入一个字符串(不自动写入字符串结束标记符'\0')。成功返回0,失败返回EOF
void rewind(FILE *stream);//将文件读写的位置指针重新指向开始位置。
long ftell(FILE *stream);
//获取文件位置指针当前位置相对于开始位置的偏移字节数。返回当前文件的读写位置,失败返回-1L。
int fseek(FILE *stream, long offset, int origin);
// 以origin为参照点,重新定位读写位置。成功返回0,失败返回非0值。origin可取值为:SEEK_SET(开始
//位置)、SEEK_CUR(当前位置)或SEEK_END(结束位置)
int ferror(FILE *stream);//返回0表示未出错,返回非0值表示出错
void clearerr(FILE *stream);//使文件错误标志和文件结束标志置为0
```

(b)读写文件

fclose(stdin);	断开与外存文件的联系;释 放记录联系信息的控制结点 (并按需将将内存缓冲区信 息同步到外存文件中)	fclose(stream);	断开与外存文件的联系;释 放记录联系信息的控制结点 (并按需将将内存缓冲区信 息同步到外存文件中)
fclose(stdout);			

(c)关闭文件

图3-4 C++语言文件输入输出描述方式及解析(面向功能方法)

● 关闭文件

关闭文件的具体描述及其解析,如图3-4(c)所示。其中,左边部分对应于重定向方式的实现,右边部分对应于直接与外存文件建立关联的实现。

2)第二种方法

● 打开文件

打开文件的具体描述及其解析,如图3-5(a)所示。

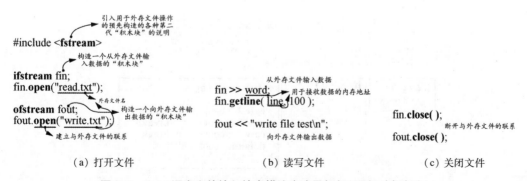

引入用于外存文件操作 的预先构造的各种第二 代"积木块"的说明

#include **<fstream>**

构造一个从外存文件输 入数据的"积木块"

ifstream fin;
fin.**open**("read.txt");

外存文件名

ofstream fout;
fout.**open**("write.txt");

构造一个向外存文件输 出数据的"积木块"

建立与外存文件的联系

从外存文件输入数据

fin >> word;
用于接收数据的内存地址
fin.**getline**(line ,100);

fout << "write file test\n";

向外存文件输出数据

fin.**close**( );

断开与外存文件的联系

fout.**close**( );

(a)打开文件 (b)读写文件 (c)关闭文件

图3-5 C++语言文件输入输出描述方式及解析(面向对象方法)

● 读写文件

读写文件的具体描述及其解析,如图 3-5(b)所示。

● 关闭文件

关闭文件的具体描述及其解析,如图 3-5(c)所示。

3.2.3 注释语句与空语句

C++语言中,除了计算赋值语句和输入输出语句外,还提供空语句(用分号;或 NULL;表示,它仅用于语句中的语法占位,不做任何数据处理)和注释语句,注释语句对数据不做任何处理,它仅仅用于人们对程序进行相关说明以便理解和维护程序(也可以看成是辅助数据处理)。注释语句分为单行注释(用双斜杠//做起始标志)和多行注释(分别用符号/ * 和 * /做起始与结束标志)。

3.2.4 逻辑控制语句

计算赋值语句和输入输出语句(以及空语句)构成基础的数据处理单元,流程控制语句用于组织基础数据处理单元之间的基本逻辑关系,以便模拟人类处理复杂问题时的思路。目前,基于对人类处理问题时所采用的基本逻辑思路的归纳和抽象,流程控制一般有顺序、分支和循环三种。顺序是一种自然的逻辑流程,只需要按顺序堆叠两个或多个基本语句即可(参见第 3.3 小节关于堆叠的解析),不需要特殊的语言描述支持机制。然而,对于分支和循环两种流程,需要有特殊的语言描述支持机制。C++语言中,对应于分支流程,给出了 if 语句、if-else 语句和 switch 语句,分别用于单分支、双分支和多分支的控制描述说明。图 3-6 所示解析了分支语句的描述方式及应用示例。对应于循环流程,给出了 for 语句、while 语句和 do-while 语句,分别用于不同方式的循环控制的描述说明。图 3-7 所示解析了循环语句的描述方式及应用示例。另外,配合流程控制语句的使用,C++语言还提供了 break 语句和 continue 语句,其描述方式及应用示例如图 3-8 所示。

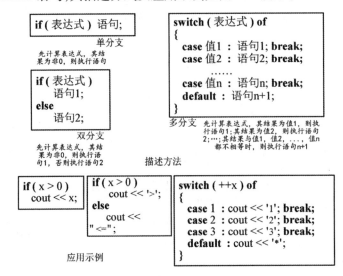

图 3-6 分支语句的描述方式及应用示例

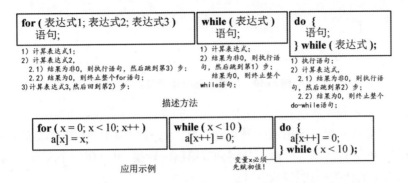

图 3-7 循环语句的描述方式及应用示例

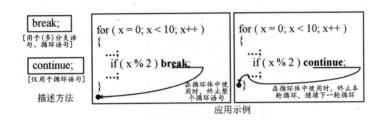

图 3-8 中断语句和继续语句的描述方式及应用示例

流程控制语句的实现,也建立在表达式基础上,以表达式的计算结果作为流程控制的条件和基础。C++语言中,表达式结果为 0,表示条件不成立(即条件为"假");表达式结果为非 0,表示条件成立(即条件为"真")。事实上,流程控制语句也是 CPU 逻辑运算的一种具体表现。

【例 3-2】 给定一个大于零的正整数 n,判断 n 是奇数还是偶数。如果 n 是奇数,输出 odd;如果 n 是偶数,输出 even。

依据奇偶数的定义,一个正整数的奇偶特征显然可以通过该数是否可以被 2 整除来判断。C++语言中,可以通过模运算 % 来实现,即如果 n%2 的值为 0,则 n 是偶数,否则为奇数。于是,通过 if 语句可以解决该问题。图 3-9 所示给出了具体的描述及解析。

```
if(n%2==0)
  cout<<"even";
else
  cout<<"odd";
```

图 3-9 判断一个正整数奇偶性的 if 语句

【例 3-3】 闰年判断。输入一个整数 year(表示公元 year 年,0 < year < 3000),如果公元 year 年是闰年则输出 Y,否则输出 N。

闰年的判断方法是:首先看看它是否能够被 400 整除;其次,看它是否能够被 4 整除并且不能被 100 整除。满足这两个条件的年就是闰年。图 3-10 所示给出了具体的描述及解析。

```
if(( year % 400 == 0 ) || ( year % 4 == 0 && year % 100 !=0 ))
    cout << "Y" << endl;
else
    cout << "N" << endl;
```

图 3-10　闰年判断的 if 语句

【例 3-4】　成绩分档处理

考试成绩一般有百分制和等第制两种表达方式。实际应用中,对于考试成绩常常需要在两种表达方式之间进行转换。针对百分制到等第制的转换,可以用一个 switch 语句完成。图 3-11 所示给出了具体的描述及解析。

```
switch( score / 10 )
{
  case 10:
      cout << "A"; break;
  case 9:
      cout << "A"; break;
  case 8:
      cout << "B"; break;
  case 7:
      cout << "C"; break;
  case 6:
      cout << "D"; break;
  default:
      cout << "E";
}
```

图 3-11　分制转换的 switch 语句

3.3　程序如何描述复杂处理:基本语句之间的堆叠与嵌套

单个语句的作用有限,对于复杂问题的处理,往往需要采用多个语句来描述。因此,语句之间的装配关系显得十分重要。一般而言,程序设计语言中,语句之间的关系主要有堆叠和嵌套两种。所谓堆叠,在此是指将若干个基本语句进行自然顺序排列。所谓嵌套,在此是指将若干个基本语句进行相互包含。堆叠和嵌套用于描述基本语句之间的关系,堆叠相当于横向关系,嵌套相当于纵向关系。

程序设计语言中,顺序流程就是堆叠关系的具体体现,流程控制语句中的"语句"部分与流程控制语句本身两者之间就是嵌套关系的一种特殊体现。

C++语言中,语句的堆叠与嵌套仍然是通过流程控制语句实现,即流程控制语句本身既作为基础数据处理单元(即计算赋值语句、输入输出语句以及空语句)之间逻辑关系的描述机制,又作为基本语句(也包括流程控制语句本身)之间关系的描述机制(参见图 3-12 所示)。显然,相对于计算赋值语句、输入输出语句以及空语句,流程控制语句具有两重作用。因此,流程语句具有明显的计算思维烙印,是基本语句中的关键语句。正是引入了流程控制语句,程序才具备了神奇的能力。

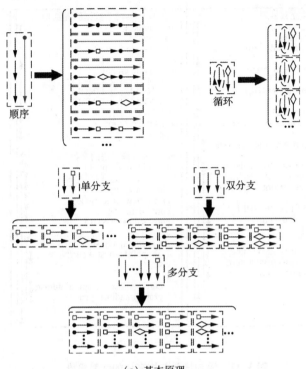

（a）基本原理

```
//建立双链表                          //建立一个含7个数据的图结构
struct node {                        struct node {
  int data;                            int data;
  struct node *front, *next;           struct node *adjust;
};                                   };
struct node *line, *curr;            struct node graph[7] = {
                                       { 1, NULL }, { 2, NULL },
const int n = 10;                      { 3, NULL }, { 4, NULL },
                                       { 5, NULL }, { 6, NULL },
line = NULL;                           { 7, NULL } };
for (int i = 0; i < n; i++ )         struct node *curr;
{                                    int n, a, b;
  curr = new struct node;
                                     cin >> n; //输入边的个数
  cin >> curr->data;                 for (int i = 0; i < n; i++)
  curr->next = NULL;                 {              //处理每一条边
  curr->front = NULL;                  cin >> a >> b;
                                       curr = new struct node;
  if ( line == NULL )                  curr->data = b;
    line = curr;                       curr->adjust = NULL;
  else
  {                                    if ( graph[a].adjust == NULL )
    curr->next = line;                   graph[a].adjust = curr;
    line->front = curr;                else
    line = curr;                       {
  }                                      curr->adjust = graph[a].adjust;
}                                        graph[a].adjust = curr;
                                       }
                                     }
```

（b）C++语言应用示例

图 3-12　语句堆叠与嵌套中的计算思维

基本语句的堆叠与嵌套,使得基础的数据处理方法具备自我演化特性,也就是,基本语句堆叠与嵌套的结果仍然可以作为一个"基本语句"看待(C++中称其为复合语句或语句块,用大括号{}表示)并继续可以进行堆叠与嵌套。

【例 3-5】 角谷猜想(http://noi. openjudge. cn)

问题描述:对于任意一个正整数,如果是奇数,则乘 3 加 1,如果是偶数,则除以 2,得到的结果再按照上述规则重复处理,最终总能够得到 1。例如:假定初始整数为 5,计算过程分别为 16、8、4、2、1。要求输入一个整数,将经过处理得到 1 的过程输出来。

输入格式:一个正整数 N(N <= 2 000 000)

输出格式:从输入整数到 1 的步骤,每一步为一行,每一步中描述计算过程。最后一行输出"End"。如果输入为 1,直接输出"End"。

对于奇数和偶数的处理,显然可以通过 if 语句完成,重复的处理在此可以通过 while 循环语句完成,于是,通过输入语句、计算赋值语句、if 语句、while 语句以及输出语句的堆叠与嵌套,可以非常轻松地解决该问题。图 3-13 所示给出了相应的程序描述及解析。

【例 3-6】 买房子(http://noi. openjudge. cn)

问题描述:某程序员开始工作,年薪 N 万,他希望在中关村公馆买一套 60 m² 的房子,现在的价格是 200 万,假设房子价格以每年百分之 K 增长,并且该程序员未来年薪不变,且不吃不喝,不用交税,每年所得 N 万全都积攒起来,问第几年能够买下这套房子?

输入格式:一行,包含用单个空格隔开的两个正整数 N(10 <= N <= 50), K(1 <= K <= 20)。

输出格式:如果在第 20 年或者之前就能买下这套房子,则输出一个整数 M,表示最早需

```
#include <iostream>                          样例输入：
using namespace std;                         5
                                             样例输出：
long long n;                                 5*3+1=16
                                             16/2=8
int main()                                   8/2=4
{                                            4/2=2
    cin >> n;                                2/2=1
    while( n != 1 )                          End
        if ( n % 2 == 0 )
        {
            cout << n << "/2=" << n / 2 << endl;
            n /= 2;
        }
        else
        {
            cout << n << "*3+1=" << n * 3 + 1 << endl;
            n = n * 3 + 1;
        }
    cout << "End" << endl;
    return 0;
}
```

图 3-13　角谷猜想问题的求解

要在第 M 年能买下，否则输出 Impossible。

程序员能够买下房子的条件是，他的存款应该大于等于当时房子的价格。程序员的存款每年按照固定的 N 增加，房子的价格每年按照百分之 K 增长，分别计算出这两个数据，然后通过 if 语句比较即可。另外，题目还增加了一个要求，程序员必须在 20 年之前购买。因此，通过一个 for 语句控制 20 年，通过一个标志变量 SUC 来控制是否购买成功，以便提前退出 for 语句。于是，通过输入语句、计算赋值语句、if 语句、while 语句以及输出语句的堆叠与嵌套，可以非常轻松地解决该问题。图 3-14 所示给出了相应的程序描述及解析。

```
#include <iostream>
using namespace std;                         样例输入：
                                             50 10
int n, i, ans;                               样例输出：
double m, h = 200, k;                        8
bool suc = false;

int main()
{
    cin >> n >> k;
    m = n;    //程序员开始存的钱
    for( int i = 1; i <= 20; i++ )
    {
        if ( m >= h )// 程序员的存钱超过目前房子的价格
        {
            ans = i;    //程序员第几年可以买房
            suc = true;    //程序员买房成功
            break;
        }
        m = m + n;    //程序员的存钱增加一年年薪
        h = h * ( 1 + k / 100 );    //房子价格上涨
    }
    if ( suc )
        cout << ans << endl;
    else
        cout << "Impossible" << endl;
    return 0;
}
```

图 3-14　买房子问题的求解

【例3-7】 扫雷游戏(NOIP 2015 普及组)

问题描述:扫雷游戏是一款十分经典的单机小游戏。在 n 行 m 列的雷区中有一些格子含有地雷(称之为地雷格),其他格子不含地雷(称之为非地雷格)。玩家翻开一个非地雷格时,该格将会出现一个数字——提示周围格子中有多少个是地雷格。游戏的目标是在不翻出任何地雷格的条件下,找出所有的非地雷格。现在给出 n 行 m 列的雷区中的地雷分布,要求计算出每个非地雷格周围的地雷格数。

注:一个格子的周围格子包括其上、下、左、右、左上、右上、左下、右下八个方向与之直接相邻的格子。

输入格式:第一行是用一个空格隔开的两个整数 n 和 m,分别表示雷区的行数和列数。接下来 n 行,每行 m 个字符,描述雷区中的地雷分布情况。字符'*'表示相应格子是地雷格,字符'?'表示相应格子是非地雷格。相邻字符之间无分隔符。

输出格式:包含 n 行,每行 m 个字符,描述整个雷区。用'*'表示地雷格,用周围的地雷个数表示非地雷格。相邻字符之间无分隔符。

对于本题,首先可以通过三重循环语句的嵌套(其中,两重用于雷区的穷举,一重用于方向的穷举)解决每个格子八个相邻格子的穷举问题;其次,通过 if 语句的嵌套,解决当前格子某个相邻格子的合理性,以及两者之间是否是地雷格和非地雷格的关系,并由此确定是否为非地雷格统计地雷个数。另外,对于当前格子的八个相邻格子,通过位移方法来确定其位置。图 3-15 示给出了相应的程序描述及解析。

```cpp
#include <iostream>
using namespace std;

int n, m, i, j, num[101][101];    //存放每个格子的地雷个数
int dx[8] = { -1, -1, -1, 0, 1, 1, 1, 0 };    //当前格子8个方向的相邻格子横向位移
int dy[8] = { -1, 0, 1, 1, 1, 0, -1, -1 };    //当前格子8个方向的相邻格子纵向位移
char _map[101][101];    //存放原始的雷区分布图

int main()
{
    cin >> n >> m;
    for( i = 1; i <= n; i++ )    //输入原始的雷区分布图
      for( j = 1; j <= m; j++ )
        cin >> _map[i][j];

    for( i = 1; i <= n; i++ )    //探查每个格子周围的地雷个数
      for( j = 1; j <= m; j++ )
        for( int k = 0; k < 8; k++ )
        {
          int ni = i + dx[k];    //当前格子的相邻格子
          int nj = j + dy[k];
          if( ni >= 1 && ni <= n && nj >= 1 && nj <= m && _map[i][j] == '?' )
            //当前格子为非地雷格,并且其当前的相邻格子有效（即在雷区中）
            if (_map[ni][nj] == '*') num[i][j]++;    //当前格子的当前相邻格子为地雷,增加当前格子的地雷数
        }
    for( i = 1; i <= n; i++ )    //输出雷区的地雷个数分布情况
    {
      for( j = 1; j <= m; j++ )
        if( _map[i][j] == '*' )
          cout << "*";
        else
          cout << num[i][j];
      cout << endl;
    }
    return 0;
}
```

输入样例1:
3 3
*??
???
?*?

输出样例1:
*10
221
1*1

输入样例2:
2 3
?*?
*??

输出样例2:
2*1
*21

图 3-15　扫雷游戏问题的求解

【例 3-8】 ISBN 号码(NOIP 2008 普及组)

问题描述:每一本正式出版的图书都有一个 ISBN 号码与之对应,ISBN 码包括 9 位数字、1 位识别码和 3 位分隔符,其规定格式如 x-xxx-xxxxx-x,其中符号-就是分隔符(键盘上的减号),最后一位是识别码,例如:0-670-82162-4 就是一个标准的 ISBN 码。ISBN 码的首位数字表示书籍的出版语言,例如 0 代表英语;第一个分隔符之后的三位数字代表出版社,例如 670 代表维京出版社;第二个分隔符后的五位数字代表该书在该出版社的编号;最后一位为识别码。识别码的计算方法如下:

首位数字乘以 1 加上次位数字乘以 2……以此类推,用所得的结果 mod 11,所得的余数即为识别码,如果余数为 10,则识别码为大写字母 X。例如:ISBN 号码 0-670-82162-4 中的识别码 4 是这样得到的:对 067082162 这 999 个数字,从左至右,分别乘以 1, 2, …, 9 再求和,即 $0 \times 1 + 6 \times 2 + \cdots + 2 \times 9 = 158$,然后取 158 mod 11 的结果 4 作为识别码。

你的任务是编写程序判断输入的 ISBN 号码中识别码是否正确,如果正确,则仅输出 Right;如果错误,则输出你认为是正确的 ISBN 号码。

输入格式:一个字符序列,表示一本书的 ISBN 号码(保证输入符合 ISBN 号码的格式要求)。

输出格式:一行,假如输入的 ISBN 号码的识别码正确,那么输出 Right,否则,按照规定的格式,输出正确的 ISBN 号码(包括分隔符"-")。

ISBN 号码是一个字符串,在计算其最后一位识别码时,需要从左向右将 ISBN 中的每个数字字符提取出来并转换为对应的数值,然后分别乘以 1, 2, …, 9,得到累加和。反之,在生成最后一位识别码时,还需要将累加和除以 11 的余数转换为对应的数字字符。这两个相反的操作,都使用了 ASCII 字符集的相关知识(参见附录 B)。图 3-16 所示给出了相应的程序描述及解析。

```cpp
#include <iostream>
using namespace std;

char s[13];
int i, t = 0,        //t 表示每个数字字符应该乘以的乘数
    ans = 0;         // 存放数字字符的处理结果

int main()
{
    for( i = 0; i < 13; i++ )
        cin >> s[i];
    for( i = 0; i < 13 i++ )
        if( s[i] >= '0' && s[i] <= '9' ) //处理数字字符
        {
            t++;    // 对应当前数字字符的乘数
            ans = ans + ( s[i] - '0' ) * t; //当前数字字符与其乘数相乘并累加到当前和
            if(t == 9 ) break;    //最后一个数字字符处理完
        }
    if( ans % 11 == s[12] - '0' )  //最后一位识别码正确('0'~'9')情况
        cout << "Right";
    else if( ans % 11 == 10 && s[12] == 'X' ) //最后一位识别码正确
        cout << "Right";
    else
    { //识别码不正确, 计算正确的识别码
        if( ans % 11 < 10 )  // (0~9)情况
            s[12] = ans % 11 + 48;  // 将数字转换为数字字符
        else
            s[12] = 'X';    // 10的情况
        for( i = 0; i < 13; i++) // 输出正确的ISBN
            cout << s[i];
    }
}
```

输入样例1:
0-670-82162-4
输出样例1:
Right

输入样例#2:
0-670-82162-0
输出样例#2:
0-670-82162-4

```
    }
    cout << endl;
    return 0;
}
```

图 3-16   ISBN 号码问题的求解

【例 3-9】   乒乓球(NOIP2003 普及组)

问题描述:国际乒联现任主席沙拉拉自从上任以来就立志于推行一系列改革,以推动乒乓球运动在全球的普及。其中 11 分制改革引起了很大的争议,有一部分球员因为无法适应新规则只能选择退役。华华就是其中一位,他退役之后走上了乒乓球研究工作,意图弄明白 11 分制和 21 分制对选手的不同影响。在开展他的研究之前,他首先需要对他多年比赛的统计数据进行一些分析,所以需要你的帮忙。

华华通过以下方式进行分析,首先将比赛每个球的胜负列成一张表,然后分别计算在 11 分制和 21 分制下,双方的比赛结果(截至记录末尾)。例如,现在有这么一份记录(其中 W 表示华华获得一分,L 表示华华对手获得一分):

WWWWWWWWWWWWWWWWWWWWWWLW

在 11 分制下,此时比赛的结果是华华第一局 11 比 0 获胜,第二局 11 比 0 获胜,正在进行第三局,当前比分 1 比 1。而在 21 分制下,此时比赛结果是华华第一局 21 比 0 获胜,正在进行第二局,比分 2 比 1。如果一局比赛刚开始,则此时比分为 0 比 0。直到分差大于或者等于 2,才一局结束。

你的程序就是要对于一系列比赛信息的输入(WL 形式),输出正确的结果。

输入格式:每个输入文件包含若干行字符串,字符串有大写的 W、L 和 E 组成。其中 E 表示比赛信息结束,程序应该忽略 E 之后的所有内容。

输出格式:输出由两部分组成,每部分有若干行,每一行对应一局比赛的比分(按比赛信息输入顺序)。其中第一部分是 11 分制下的结果,第二部分是 21 分制下的结果,两部分之间由一个空行分隔。

本题的比赛记录是一个字符串,可以用字符数组存储。然后,分别按照 11 分制和 21 分制统计比赛双方的得分即可。处理的关键在于,分别依据分制的规则,确定一局的情况。图 3-17 所示给出了相应的程序描述及解析。

```
#include <iostream>        输入样例1:
using namespace std;       WWWWWWWWWWWWWWWWWWWW
                           WWLWE
int L = 0, W = 0, i, t =   输出样例1:
char ch, a[62501];         11:0
                           11:0
int main()                 1:1
{
  cin >> ch;               21:0
  while( ch != 'E' )       2:1
  { a[t++] = ch; cin >> ch; }

  for( i = 0; i < t; i++ )
  { // 按照11分制计算比赛结果情况
```

```
    if( a[i] == 'W' ) W++;
    if( a[i] == 'L' ) L++;
    if(( W - L > 1 && W >= 11 ) || ( L - W > 1 && L >= 11 ))
    { //一局的情况
      cout << W << ":" << L << endl;
      W = 0; L = 0;
    }
  }
  cout << W << ":" << L << endl;
  cout << endl;
  W = L = 0;
  for( i = 0; i < t; i++ )
  { //按照21分制计算比赛结果情况
    if( a[i] == 'W' ) W++;
    if( a[i] == 'L' ) L++;
    if(( W - L > 1 && W >= 21 ) || ( L - W > 1 && L >= 21 ))
    { //一局的情况
      cout << W << ":" << L << endl;
      W = 0; L = 0;
    }
  }
  cout << W << ":" << L << endl;
  return 0;
}
```

图 3-17 乒乓球问题的求解

3.4 程序如何建立数据处理的基本方法

作为程序设计两个 DNA 的另一个——数据处理,其方法构建的基本原理是,由五种基本语句构成元素集合,由堆叠和嵌套构成元素的关系(或运算)集合,最后由此两个集合作为二元组,构成数据处理的基本方法,即数据处理基本方法 = ({注释语句,空语句,计算赋值语句,输入输出语句,流程控制语句},{堆叠,嵌套})。

"5 + 2"方法的奥妙在于,"5"中的元素通过"2"中的运算,其结果又可以作为一个新的"语句"继续放入"5"中,使得"5"这个集合不断扩大。并且,扩大后的"5"集合中的元素继续可以通过"2"中的运算进行运算。可见,本质上,"5 + 2"方法构建了一种可以建立任意数据处理描述的万能方法。因此,数据处理也称为"5 + 2"的游戏。

3.5 程序中常用的数据处理方法及其描述

基于"5 + 2"的游戏,并结合第 2 章的"2 + 3"游戏,可以按需建立各种各样的数据处理小方法。在此,给出程序设计中面向普适应用的一些常用基本数据处理方法及其 C++语言的具体描述。

【例 3-10】 两数交换

两数交换作为基本的数据处理方法,具有广泛的用途。鉴于计算机内部存储器制造材料的特点,对于 a 和 b 两个数据的交换,不能直接通过计算赋值语句 a = b; b = a;实现。因为第一个计算赋值语句会将变量 a 中原来的值覆盖掉,导致第二个计算赋值语句中变量 a 的当前值就是变量 b 的值,从而,达不到两个数相互交换的目的。

为此,可以通过一个中间变量 t,首先通过计算赋值语句 t = a;,将变量 a 的原值复制(保存)到变量 t 中;然后,通过计算赋值语句 a = b;,将变量 b 的值复制到变量 a 中(覆盖变量 a 中的原值);最后,通过计算赋值语句 b = t;,将变量 c 的值(即变量 a 的原值)复制到变量 b 中(覆盖变量 b 中的原值)。如此,通过三个计算赋值语句的堆叠实现两个数据的交换。图 3-18 所示给出了相应的解析。

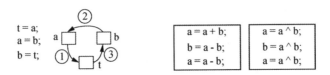

图 3-18　两数交换的基本原理　　图 3-19　两数交换的其他方法

针对两个数据的交换,还可以有如图 3-19 所示的两种方法。这两种方法利用了相应的数学特点(分别采用 C++ 语言的算术运算和位运算),不需要引入中间变量。

【例 3-11】　三角图形打印

三角图形打印是其他各种规则图形打印的母方法。三角图形打印的基本方法是:首先,解决一个行的打印输出;然后,依据输入的行数,重复运用该方法多次(在此,体现了计算思维的具体运用)。

对于一个行的打印输出,主要依据当前行号 i,找到该行前面空格、后面 * 号各自应该打印输出的个数,然后分别通过循环语句描述即可。具体解析如图 3-20 所示。

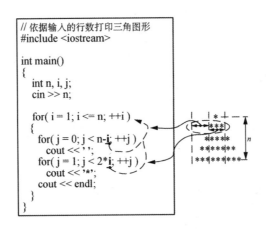

图 3-20　三角图形打印

【例 3-12】　数字拆分与合并

将一个整数的各位数字逐个提取出来,或者,将多个数字合并为一个整数,也是具有广泛用途的基本数据处理方法。数字的拆分与合并主要依据进位计数制的基本原理,也就是充分利用进位计数制的基数和位权两个概念,以及它们之间的关系。具体解析参见图 3-21

所示(有关进位计数制基本原理及其诠释的计算思维应用解析,参阅参考文献 1)。

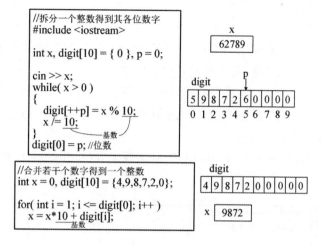

(a) 基本原理

(b) 应用示例

图 3-21 数字拆分与合并

【例 3-13】 趣味数阵

趣味数阵是指按照一定规律由数字组成的方阵。常见的数阵有回形阵、螺旋阵和蛇形阵,分别如图 3-22(a)、3-22(b)和 3-22(c)所示。

(a) 回形数阵   (b) 内右螺旋数阵   (c) 左上蛇形数阵

图 3-22 趣味数阵示例

对于回形阵,依据起点,可以有外回形阵(由外向内)和内回形阵(由内向外)。图 3-22(a)所示是外回形阵示例。对于回形阵的处理,可以以对角线为基础,针对每个区的填充数值给出相应的解析式。图 3-23(a)所示给出了相应解析。该方法基于数阵特征,不太直观。事实上,也可以首先解决一个"回"字的四条边的数字填充;然后依据"回"字的个数,重复该过程多次即可。显然该方法比较直观,并且也体现了计算思维原理的具体应用。对于一个

"回"字的四条边的起点和终点的确定是该方法的关键,它们都与当前回字的序号相关。具体解析参见图3-23(b)所示。

对于螺旋阵,依据螺旋的方向,可以是左螺旋和右螺旋;依据螺旋的起始位置,可以是外螺旋(即向外展开)和内螺旋(即向内展开)。图3-22(b)是内右螺旋阵。螺旋阵的处理,主要解决当前位置前进的方向问题,直到填充完整个数阵。

为此,可以以对角线为基础,将整个数阵分成上、下、左、右四个三角形区域(每个区域都以对角线为起点),每个区域中所有当前位置的前进方向都是一致的。由此,将问题转化为区域的判断问题。具体如下:

① 区:主对角线位置及其上方(i<=j)与副对角线上方(i+j<n-1)的重叠部分,向右填数(j++);

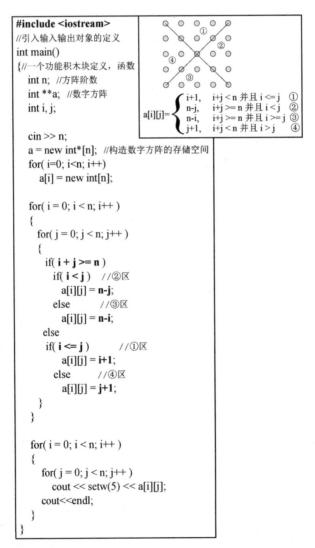

```
#include <iostream>
//引入输入输出对象的定义
int main()
{//一个功能积木块定义,函数
  int n;  //方阵阶数
  int **a;  //数字方阵
  int i, j;

  cin >> n;
  a = new int*[n];  //构造数字方阵的存储空间
  for( i=0; i<n; i++)
    a[i] = new int[n];

  for( i = 0; i < n; i++ )
  {
    for( j = 0; j < n; j++ )
    {
      if( i + j >= n )
        if( i < j )    //②区
          a[i][j] = n-j;
        else       //③区
          a[i][j] = n-i;
      else
        if( i <= j )     //①区
          a[i][j] = i+1;
        else     //④区
          a[i][j] = j+1;
    }
  }

  for( i = 0; i < n; i++ )
  {
    for( j = 0; j < n; j++ )
      cout << setw(5) << a[i][j];
    cout<<endl;
  }
}
```

$$a[i][j]=\begin{cases} i+1, & i+j<n \text{ 并且 } i<=j \quad ① \\ n-j, & i+j>=n \text{ 并且 } i<j \quad ② \\ n-i, & i+j>=n \text{ 并且 } i>=j \quad ③ \\ j+1, & i+j<n \text{ 并且 } i>j \quad ④ \end{cases}$$

(a) 方法一

```
#include <iostream>
//引入输入输出对象的定义
int main()
{ //一个功能积木块定义/函数
  int n;   //方阵阶数
  int t = 1;   //要填入的数值
  int **a;   //数字方阵
  int i, j;

  cin >> n;
  a = new int*[n];   //构造数字方阵的存储空间
  for( i=0; i<n; i++)
    a[i] = new int[n];

  for( i = 0; i < n; i++ )   // "回"字的序号
  {
    for( j = i; j < n-1-i; j++ )
    {
      a[i][j] = t;   //上边
      a[n-1-i][j] = t;   //下边
    }
    for( j = i+1; j < n-2-i; j++ )
    {
      a[j][i] = t;   //左边
      a[j][n-1-i] = t;   //右边
    }
    t++;   //下一个"回"字要填的值
  }

  for( i = 0; i < n; i++ )   //输出数阵
  {
    for( j = 0; j < n; j++ )
      cout << setw(5) << a[i][j];
    cout<<endl;
  }
}
```

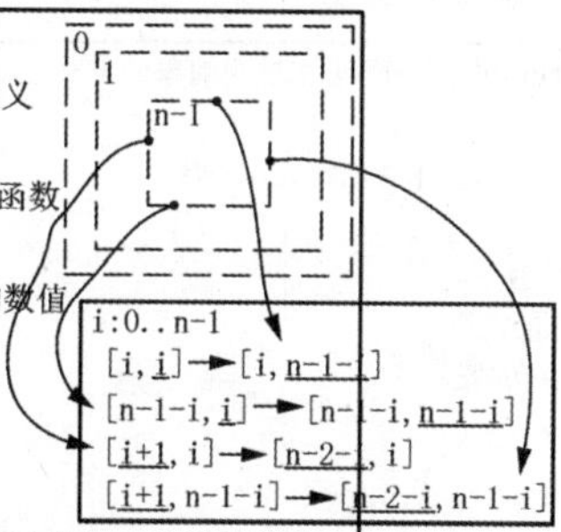

（b）方法二

图 3-23 回形数阵生成程序及其解析

② 区:主对角线上方($i<j$)与副对角线位置及其下方($i+j<n-1$)的重叠部分,向下填数($i++$);

③ 区:主对角线位置及其下方($i>=j$)与副对角线下方($i+j>=n$)的重叠部分,向左填数($j--$);

④ 区:主对角线下方($i>j$)与副对角线位置及其上方($i+j<n$)的重叠部分,向上填数($i--$)。

另外,对应④区每次螺旋的最后一个位置,需要将其原来的向上方向修正为向右方向($i++$, $j++$),以便下一轮的螺旋。

具体解析参见图 3-24 所示。

```
#include <iostream>  //引入输入输出对象的定义

int main()  //一个功能积木块的定义，函数
{
    int n;  //方阵阶数
    int t;  //要填入的数值
    int **a;  //数字方阵
    int i, j;

    cin >> n;
    a = new int*[n];  //构造数字方阵的存储空间并初始化
    for( i=0; i<n; i++)
    {
        a[i] = new int[n];
        for( j=0; j<n; j++)
            *( a[i] + j ) = -1;
    }

    i = 0, j = 0;  //初始填数位置
    for( t = 1; t < n*n; t++ )
    {
        a[i][j] = t;  //当前位置填数
        if(( i <= j ) && ( i + j < n - 1 ))  //①区前进方向及位置调整
            j++;
        else if(( i < j ) && ( i + j >= n - 1 ))  //②区前进方向及位置调整
            i++;
            else if(( i >= j ) && ( i + j > n ))  //③区前进方向及位置调整
                j--;
                else  //④区前进方向及位置调整
                    i--;
        if( a[i-1][j] <> -1 )  //⑤区中每次最后一个位置的重新修正
        { i++; j++; }
    }

    for( i = 0; i < n; i++ )
    {
        for( j = 0; j < n; j++ )
            cout << setw(5) << a[i][j];
        cout<<endl;
    }
}
```

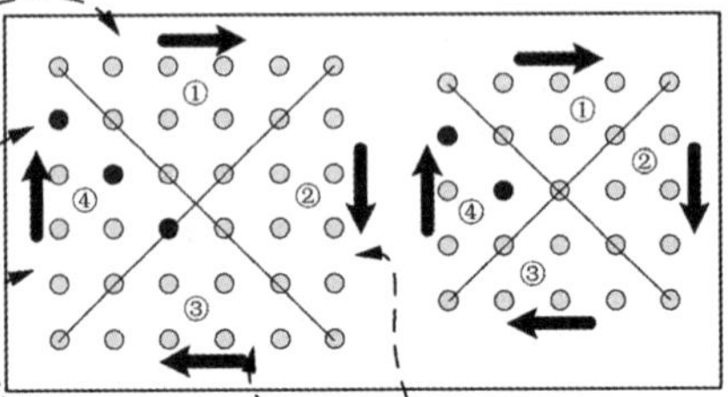

图 3-24 螺旋数阵生成程序及其解析

对于蛇型阵,依据蛇头的位置,可以有左上、右上、左下和右下四种蛇形阵。图 3-22(c)是左上蛇形阵。对应蛇形阵的处理,主要解决两个问题:一是方向,二是出界后的位置和方向调整。对于方向,依据蛇的摆动有两个相反的方向(例如:图 3-22c 中的右上和左下),考虑到同一个方向前进位置的调整,可以设置一个变量,其绝对值为 1(对应于前进步长),正负表示方向即可。对于出界后的调整,首先方向取反,然后前进位置调整到正确位置即可。相应程序及解析如图 3-25 所示。

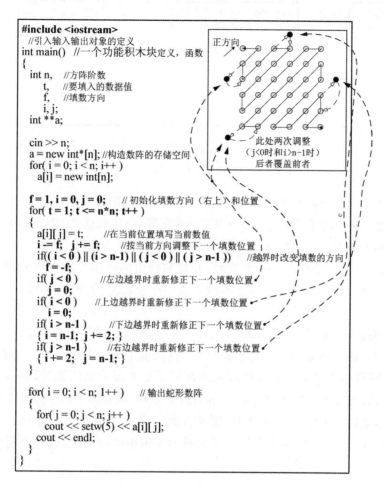

```
#include <iostream>
    //引入输入输出对象的定义
int main()  //一个功能积木块定义, 函数
{
    int n,   //方阵阶数
        t,   //要填入的数据值
        f,   //填数方向
        i, j;
    int **a;

    cin >> n;
    a = new int*[n]; //构造数阵的存储空间
    for( i = 0; i < n; i++ )
        a[i] = new int[n];

    f = 1, i = 0, j = 0;   // 初始化填数方向(右上)和位置
    for( t = 1; t <= n*n; t++ )
    {
        a[i][ j] = t;    //在当前位置填写当前数值
        i -= f;   j += f;   //按当前方向调整下一个填数位置
        if(( i < 0 ) || ( i > n-1) || ( j < 0 ) || ( j > n-1 ))   //越界时改变填数的方向
            f = -f;
        if( j < 0 )    //左边越界时重新修正下一个填数位置
            j = 0;
        if( i < 0 )    //上边越界时重新修正下一个填数位置
            i = 0;
        if( i > n-1 )    //下边越界时重新修正下一个填数位置
        { i = n-1;   j += 2; }
        if( j > n-1 )    //右边越界时重新修正下一个填数位置
        { i += 2;   j = n-1; }
    }

    for( i = 0; i < n; i++ )    //输出蛇形数阵
    {
        for( j = 0; j < n; j++ )
            cout << setw(5) << a[i][ j];
        cout << endl;
    }
}
```

图 3-25 蛇形数阵生成程序及其解析

【例3-14】 求最(大/小)值(参见例2-6)

从一批数据中求其最值,是一种常用的基本数据处理方法。其原理是,首先通过数组进行数据组织;其次假设第一个数据为最值并记录其位置;然后从第二个数据开始逐个与当前的最值比较,一旦发现新的最值,则更新当前最值并记录新最值的位置;最后,输出最值及其位置即可。图 3-26 给出了相应的程序描述及解析。

```
#include <iostream>

int main()
{
    int i, n, min, pos;
    int *a;

    cin >> n;
    a = new int[ n ]; //动态数组构建方法, 指针a自动隐式关联到动态数组
    for( i = 0; i < n; i++ )
        cin >> a[ i ];   // 也可以通过关联间接操作, 即 cin >> *( a + i )
    min = a[0]; pos = 0; //假设第1个数据最小并记录其位置; 也可以 min = *a 或 *(a+0);
```

```
for( i = 1; i < n; i++ ) //从第2个数据开始逐个与最小值比较
    if ( a[i] < min )  //发现新的最小值; 也可以 *(a+i) < min;
    {
        min = a[i]; pos = i; //更新当前假设的最小值并记录新最小值的位置, 也可以min = *(a+i);
    }
cout << min << i; //输出最小值及其位置

return 0;
}
```

图 3-26　求最小值

【例 3-15】　字符串

现实世界中,除了数字信息外,还存在大量的符号信息,例如:名称、地址等。与数字信息不同,符号信息一般都是多个符号(即一串符号或字符串)才有意义,单个符号一般没有实际价值。因此,针对符号信息的处理,C++语言提供了各种支持方法。

首先,以 char 类型的数组存放一串符号,并按照数组的使用方法进行处理。显然,这种方法与 int 类型数组的处理方法一致,本质上是对单个符号的处理,不适合处理字符串信息。

为此,通过关联,定义一个指向 char 类型数组的指针,并且定义一个特殊的转义字符'\0'作为字符串的结束标志符号(参见图 2-5),以及规定采用双引号作为字符串字面值的表达标志,从而将基于单个符号处理方式的符号信息处理方法拓展为以一串符号处理方式的符号信息处理方法。图 3-27(a)所示给出了 C++语言中字符串处理方法的演变,图 3-27(b)所示给出了求解回文字符串(即从左到右与从右到左都一样)的程序描述及解析。针对这种方式,C++标准库中提供了大量的专用积木块,用于处理字符串信息(参见附录 C)。

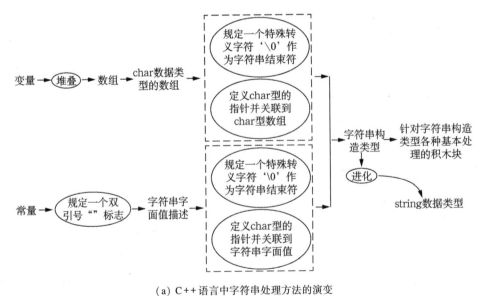

(a) C++语言中字符串处理方法的演变

```
#include <iostream>
#include <cstring> // 引入处理字符串构造类型的积木库

int main()
{
    char a[80];
    char *p = a;
    int len, i;

    cin >> *p;        // 输入字符串最长为79,留一个空间存放 '\0'
    len = strlen( p ); // 通过积木块求输入字符串的长度
    for( i = 0; i < len/2;  i++)
        if ( *( p + i ) != ( *( p + len - i )) // 从两头向中间逐个符号比较
        { cout << "不是回文串!"; return 0; }
    cout << "是回文串!";
    return 0;
}
```

(b) 判断回文字符串

图 3-27 字符串的相关操作

尽管通过关联实现了对字符串的处理,然而,字符串本身并没有像 int、char、float、bool 一样成为一种数据类型,本质上它是 char 数据类型的一种高阶应用。为此,C++ 标准库中又提供了进化后的新"积木块"string,专门处理字符串信息,使得字符串信息成为与 int、char、float、bool 并列的一种新数据类型,它们具有一致的使用规则(参见附录 D)。

【例 3-16】 有序序列合并

有序序列合并是程序设计中经常用到的辅助方法,例如:高精度数(即用一个数组存储一个数的每一位,整个数组相当于一个数)的运算、多项式相关处理、合并排序(参见图 6-18)等,都会用到该方法。两个有序序列合并的处理一般分为两个阶段:首先,当两个序列都没有处理完成时,可以按顺序逐个比较两个序列当前位置数据的关系,依据两者关系做合并处理(选择某个序列的当前数据合并到结果序列或对两个序列的当前数据进行处理并将结果合并到结果序列)并调整各自的当前位置;其次,当有任意一个序列处理完毕时,另一个序列直接合并到结果序列。

图 3-28 所示是两个有序序列合并的程序片段描述及解析。

```
const int m = 100;
const int n = 80;
int *a = new int[m]; // a数组为需要合并的第一个有序序列
int *b = new int[n]; // b数组为需要合并的第二个有序序列
int i = 0; // a数组位置指示
int j = 0; // b数组位置指示
int result[m+n]; // 存放合并结果
int k = 0;   // result数组的位置指示
```

```
while( i < m && j < n )
{ // 两个序列都没有结束，按序比较两者的当前数据，较小者放入结果数组
  if ( a[i] < b[j] )
    result[k++] = a[i++];
  else
    result[k++] = b[j++];
}
while( i < m ) // 如果序列1没有结束，直接将序列1剩余数据放入结果数组
  result[k++] = a[i++];
while( j < n ) // 如果序列2没有结束，直接将序列2剩余数据放入结果数组
  result[k++] = b[j++];
```

图 3-28　两个有序列的合并

【例 3-17】 求图结构中顶点的入度与出度(参见例 2-7)

按照例 2-7 的输入和输出格式要求，本题采用邻接矩阵来存储一个有向图。由于图的结点数需要通过输入才能确定，因此，采用动态二维数组。另外，图结构结点的编号一般从 1 开始，而 C++数组下标从 0 开始，考虑到处理的方便性，数组的行和列都增加一个，此时第 0 行和第 0 列空置不要用。图 3-29 所示给出了相应的程序描述及解析。

```
#include <stdio.h>
using namespace std;

int n, b, m, r = 0, c = 0;

int main()
{
  scanf( "%d%d%d", &n, &b, &m );
  int **e = new int *[n + 1];  //图的存储采用邻接矩阵
  for( int i = 0; i <= n; i++ )
    e[i] = new int [n + 1];
  for( int i = 0; i <= n; i++ )  //邻接矩阵初始化为0
    for( int j = 0; j <= n; j++ )
      e[i][j] = 0;
  for( int i = 0; i < b; i++ )  //输入图的每一条有向边并记录在邻接矩阵中
  {
    int x, y;
    scanf( "%d%d", &x, &y );
    e[x][y] = 1;
  }
  for( int i = 0; i <= n; i++ ) //计算指定顶点m的入度
    r += e[i][m];
  printf( "%d\n", r );
  for( int i = 0; i <= n; i++ ) //计算指定顶点m的出度
    c += e[m][i];
  printf( "%d\n", c );
  return 0;
}
```

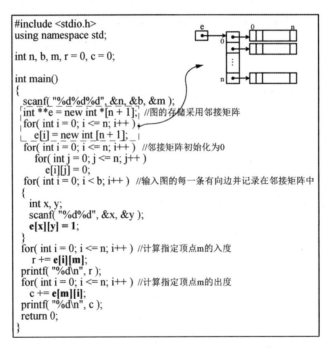

图 3-29　求图结构中指定顶点的入度与出度

【例 3-18】 树/图的遍历

所谓遍历是指对某种数据组织结构中的所有数据进行访问，它是多种数据处理方法的基础。对于线性结构，其遍历可以通过一个循环语句实现，比较简单。然而，对于树/图结

构来说,其遍历相对复杂,原因是每个数据与多个数据存在联系。为此,需要借用另一个数据组织结构,用来记忆与当前数据存在联系的多个数据,通常采用堆栈和队列两种数据组织结构。对于二叉树结构,由此形成前序遍历、中序遍历、后序遍历和层次遍历;对于图结构,由此形成深度优先遍历和广度优先遍历。图 3-30 所示给出了相应的程序描述及解析。

```c
void preOrder( BTNode *p )
{ //前序遍历
    BTNode *stack[maxSize]; //构造一个堆栈
    int top = -1; //初始化堆栈位置
    BTNode *q = p;
    if( q != NULL )
    {
        stack[++top] = q; //初始化:根结点入栈
        while( top >= 0 ) //当堆栈不为空时重复
        {
            q = stack[top--]; //栈顶结点出栈
            printf( "%c", q->data ); //输出出栈的当前结点
            if( q->rchild != NULL ) //若结点有右孩子,则右孩子入栈
                stack[++top] = q->rchild;
            if( q->lchild != NULL ) //若结点有左孩子,则左孩子入栈
                stack[++top]=q->lchild;
        }
    }
}
```

```c
#define maxSize 100
typedef struct BTNode{
    char data;
    struct BTNode *lchild;
    struct BTNode *rchild;
}BTNode;
```

data	
lchild	rchild

```c
void postOrder( BTnode* p )
{ //后序遍历
    BTnode *stack[maxSize]; //构造一个堆栈
    int top = -1; //堆栈位置初始化
    int flag = 1; // 标志变量: 1表示当前结点的左子女为空或者已被访问
    BTnode* q = p, *t;
    if( q != NULL )
    {
        do
        {
            while( q != NULL ) //所有左子女结点进栈
            { stack[++top] = q; q = q->lchild; }
            flag = 1;
            t = NULL; //指向当前结点的前驱结点
            while( top >= 0 && flag == 1 )
            {
                q = stack[top]; // 获取栈顶结点作为当前结点
                if( q->rchild == t )
                { // 当前结点右子女为空或已经被访问过,则访问当前结点
                    top--; // 当前结点出栈
                    printf( "%d", q->data ); //输出当前结点
                    t = q; // 当前结点处理完 (已被访问过)
                }
                else  //先处理右子女
                {
                    q = q->rchild; //处理右子女
                    flag = 0; // 右子女的左子女还未被访问
                }
            }
        } while( top >= 0 )
    }
}
```

```c
void inOrder( BTNode *p )
{ //中序遍历
    BTNode *stack[maxSize]; //构造一个堆栈
    int top = -1; //初始化堆栈位置
    BTNode *q = p;
    while( q != NULL || top >= 0 )
    {
        while( q != NULL )
        { // 如果左孩子不空,则遍历所有左孩子并进栈
            stack[++top] = q; q = q->lchild;
        }
        if( top >= 0 )
        { //左孩子为空,则栈顶结点出栈并做处理: 1) 输出结点; 2) 处理其右孩子
            q = stack[top--]; //栈顶结点出栈
            printf( "%c", q->data ); //输出出栈的当前结点
            q = q->rchild; // 处理当前结点的右孩子
        }
    }
}
```

```c
void level( BTNode *p )
{ //层次遍历
    BTNode *bt[maxSize]; //构造一个队列
    int front = 0, rear = 0; //队列前后位置初始化
    BTNode *q = p;
    if( q != NULL )
    {
        rear = ( rear + 1 ) % maxSize; //根结点入队
        bt[rear] = q;
        while( front != rear )
        {//队列不为空时重复
            front = ( front + 1 ) % maxSize;
            q = bt[front]; //队列头部结点出队
            printf( "%c", q->data ); //对出队结点处理: 输出出队的当前结点
            if( q->lchild != NULL ) //对出队结点处理: 当前结点的左孩子入队
            { rear = ( rear + 1 ) % maxSize; bt[rear] = q->lchild; }
            if( q->rchild != NULL ) //对出队结点处理: 当前结点的右孩子入队
            { rear = ( rear + 1 ) % maxSize; bt[rear] = q->rchild; }
        }
    }
}
```

(a) 树结构的遍历

```cpp
#include <bits/stdc++.h>
using namespace std;
#define N 8

int main()
{
    // 用邻接矩阵存储一个无向图（以图2-24中的无向图为例）
    int graph[N][N] = {{ 0, 1, 0, 0, 1, 0, 0, 0 },
                       { 1, 0, 1, 1, 1, 0, 0, 0 },
                       { 0, 1, 0, 0, 0, 0, 0, 1 },
                       { 0, 1, 0, 0, 1, 1, 1, 1 },
                       { 1, 1, 0, 1, 0, 0, 1, 0 },
                       { 0, 0, 0, 1, 0, 0, 0, 0 },
                       { 0, 0, 0, 1, 1, 0, 0, 0 },
                       { 0, 0, 1, 1, 0, 0, 0, 0 }};
    bool visited[8] = //标记某个顶点是否已经被访问过
        { false, false, false, false, false, false, false, false };
    stack<int> s;  //构造一个堆栈
    v = 0;  // 初始顶点
    printf( "%d ", v + 1 );  //访问初始顶点
    visited[v] = true;  //同时做已被访问过标记
    s.push(v);  //初始顶点入堆栈
    while( !s.empty() )
    {  //重复如下操作，直到堆栈为空
        int i, j;
        i = s.top();  //栈顶顶点出栈
        for( j = N - 1; j >= 0; j-- )  //检查每个顶点
            if( graph[i][j] && !visited[j] )
            {  //如果当前顶点与i顶点相邻并且还没有被访问过
                printf( "%d ", j + 1 );  //访问当前顶点
                visited[j] = true;  // 同时做已被访问过标记
                s.push(j);  // 当前顶点入栈
            }
    }
    return 0;
}
```
深度优先遍历

```cpp
#include <bits/stdc++.h>
using namespace std;
#define N 8

int main()
{
    // 用邻接矩阵存储一个无向图（以图2-24中的无向图为例）
    int graph[N][N] = {{ 0, 1, 0, 0, 1, 0, 0, 0 },
                       { 1, 0, 1, 1, 1, 0, 0, 0 },
                       { 0, 1, 0, 0, 0, 0, 0, 1 },
                       { 0, 1, 0, 0, 1, 1, 1, 1 },
                       { 1, 1, 0, 1, 0, 0, 1, 0 },
                       { 0, 0, 0, 1, 0, 0, 0, 0 },
                       { 0, 0, 0, 1, 1, 0, 0, 0 },
                       { 0, 0, 1, 1, 0, 0, 0, 0 }};
    bool visited[8] = //标记某个顶点是否已经被访问过
        { false, false, false, false, false, false, false, false };
    queue<int> s;  //构造一个队列
    v = 0;  // 初始顶点
    printf( "%d ", v + 1 );  //访问初始顶点
    visited[v] = true;  //同时做已被访问过标记
    s.push(v);  //初始顶点入队列
    while( !s.empty() )
    {  //重复如下操作，直到队列为空
        int i, j;
        i = s.top();  //队列头部顶点出队
        for( j = 0; j < N; j++ )  //检查每个顶点
            if( graph[i][j] && !visited[j] )
            {  //如果当前顶点与i顶点相邻并且还没有被访问过
                printf( "%d ", j + 1 );  //访问当前顶点
                visited[j] = true;  // 同时做已被访问过标记
                s.push(j);  // 当前顶点入队
            }
    }
    return 0;
}
```
广度优先遍历

（b）图结构的遍历

图3-30　树/图结构的遍历

3.6 实战应用

【例3-19】 雪花（参见例2-8）

依据例2-8的分析，图3-31所示给出了相应的程序描述及解析。在此，hash表通过连续型数据组织方式实现，具体而言，通过数组 snow 和 next 构成链表的所有结点集合，通过 next 数组构成链表的链接关系（该链表通常称为静态链表，参见图2-18），通过 head 数组作为对应于每个 hash 函数值发生冲突情况下建立链表的表头。

【例3-20】 湖（lake）

问题描述：FJ的农场被最近的暴风雨淹没了，情况的严重性造成他的奶牛特别害怕水。他的保险商将给他赔偿，赔偿的数额将取决于他农场上由于暴风雨所形成的最大的"湖"。

```
const int SIZE = 100010;
int n, tot, p = 99991;
int snow[SIZE][6], head[SIZE], next[SIZE];

int H( int *a )
{ // hash函数定义
  int sum = 0, mul = 1;
  for( int i = 0; i < 6; i++ )
  {
    sum = ( sum + a[i] ) % p;
    mul = ( long long )mul * a[i] % p;
  }
  return ( sum + mul ) % p;
}

bool equal( int *a, int *b )
{ // 比较a和b两片雪花，返回1表示不同，返回0表示相同
  for( int i = 0; i < 6; i++ ) // 穷举两片雪花6个角的两两组合
    for( int j = 0; j < 6; j++ )
    {                                        // 检查顺时针方向
      bool eq = 1;
      for( int k = 0; k < 6; k++ )  // 共6个角
        if( a[ (i + k) % 6 ] != b[ (j + k) % 6 ] ) eq = 0;
      if( eq ) return 1;

      eq = 1;
      for( int k = 0; k < 6; k++ )
        if( a[ (i + k) % 6 ] != b[ (j - k + 6) % 6 ] ) eq = 0;
      if( eq ) return 1;
    }
  return 0;
}

bool insert( int *a )
{
  int val = H( a ); // 通过hash函数计算雪花a的hash值
  for( int i = head[val]; i; i = next[i] ) //遍历相同hash值的链表，检查是否有相同雪花
    if( equal( snow[i], a )) return 1;   // 存在相同雪花
  ++tot;
  memcpy( snow[tot], a, 6*sizeof(int) );
  next[tot] = head[val];
  head[val] = tot;
  return 0;
}

int main()
{
  cin >> n;
  for( int i = 1; i <= n; i++ )
  { //对每片雪花进行处理
    int a[10];
    for( int j = 0; j < 6; j++ ) // 输入雪花的六个角
      scanf( "%d", &a[j] );
    if( insert( a ) ) // 在hash表中检查，存在相同的雪花
    {
      puts( "Twin snowflakes found." );
      return 0;
    }
  }
  puts( "No Two snowflakes are alike." ); // 不存在两片相同雪花
}
```

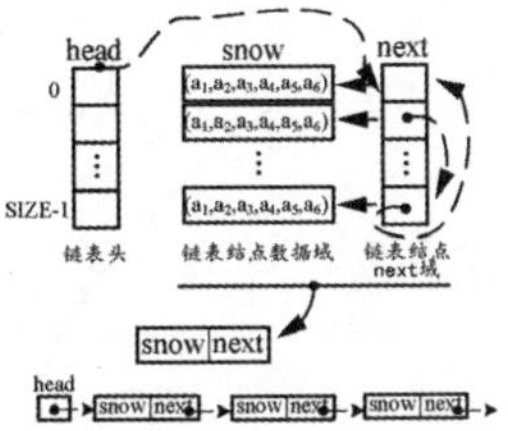

（图中注释）检查顺时针方向　检查逆时针方向　新雪花，插入hash表中

（图示标注）head　snow　next　链表头　链表结点数据域　链表结点next域

图3-31 "雪花"问题的求解

```
#include <bits/stdc++.h> // 引入预先构造好的标准"积木块"（包括第一代和第二代）的说明
using namespace std; // 指定标准"积木块"在整个库中的具体逻辑位置

int n, m, ans, s, top = 1;
int dx[8] = { -1, 0, 1, 0 }; // 当前位置4个方向的位移量
int dy[8] = { 0, 1, 0, -1 };
bool vis[101][101]; // 记录一个位置是否被访问过，true为水淹且未被访问过，false被访问过

int trav( int i, int j ) // 按照第一代"积木块"的构造规则，自己构造一个"积木块"（参见第4章）
{ // 通过回溯方法（参见第7章）求解
  int k, nx, ny;
  struct node {
    int x, y;
  } st[10001]; // 构造一个堆栈

  st[top].x = i; // 当前位置进栈
  st[top].y = j;
  while( top ) // 当堆栈不为空
  {
    node now;
    now.x = st[top].x; now.y = st[top].y; // 栈顶元素出栈，其位置作为当前位置
    bool suc = true;
    for( k = 0; k < 4; k++ ) // 对当前位置4个方向都穷举一下
    {
      nx = now.x + dx[k]; // 某个方向位置
      ny = now.y + dy[k];
      if( nx >=1 && nx <= n && ny >= 1 && ny <= m && vis[nx][ny] )
      { // 新位置合理，并且也是被水淹的格子
        suc = false;
        vis[nx][ny] = false; // 新位置被访问过
        top++; st[top].x = nx; st[top].y = ny; // 新位置进栈，以新位置为当前位置继续探索
        s++; // 当前湖泊覆盖的单元格个数增加
      }
    }
    if( suc ) top--; // 新位置不合理（当前湖泊不能扩大）
  }
}

int main()
{
  int i, j, k;
  char ch;
  freopen( "lake.in", "r", stdin ); // 利用第一代预先构造好的标准"积木块"，建立与外存中文件的关联（输入）
  freopen( "lake.out", "w", stdout ); // 利用第一代预先构造好的标准"积木块"，建立与外存中文件的关联（输出）
  cin >> n >> m >> k; // 从外存文件中读入
  for( i = 1; i <= k; i++ )
  {
    int x, y;
    cin >> x >> y;
    vis[x][y] = true; // 做水淹的标记
  }
  ans = 0;
  for( i = 1; i <= n; i++ ) // 以每个单元格为起点，穷举所有可能的情况
    for( j = 1; j <= m; j++ )
      if( vis[i][j] ) // 如果当前单元格被水淹，则继续向周边扩展
      {
        s = 0; // 统计当前湖泊的大小
        top = 1; // 堆栈位置初始化
        trav( i, j ); // 委托自己定义的"积木块"进行当前湖泊大小的确定
        vis[i][j] = false; // 当前单元格已经处理过，做标记
        ans = max( ans, s ); // 当前湖泊大小与目前已知的最大湖泊比较，更新最大值
      }
  cout << ans << endl; // 向外存文件中写入
  fclose( stdin ); // 利用第一代预先构造好的标准"积木块"，断开与外存中文件的联系
  fclose( stdout );
  return 0;
}
```

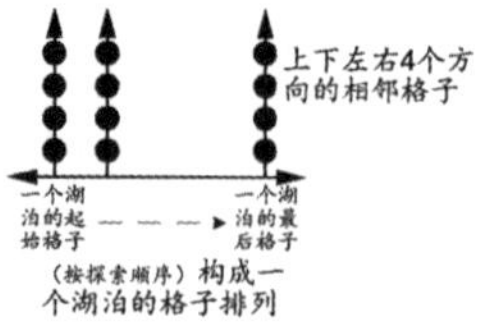

上下左右4个方向的相邻格子

一个湖泊的起始格子 ---- 一个湖泊的最后格子

（按探索顺序）构成一个湖泊的格子排列

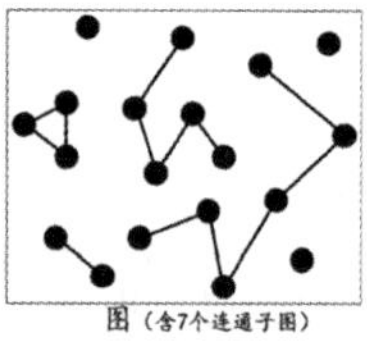

图（含7个连通子图）

图 3-32　"湖"问题的求解

农场由一个 N(1 <= N <= 100) 行、M(1 <= M <= 100) 列的矩形表格表示。每个单元格分别表示有没有水,K(1 <= K <= N * M) 个单元格表示农场受水灾的情况。一个湖可以这么认为:它有一个中心单元格,而且这个湖的其他单元格与它至少共用一条边(不是一个角)。其他任意单元格与中心单元格共用一条边或与任何被连接的单元格共用一条边的单元格都认为是这个湖的一部分。

输入格式:第 1 行,三个用空格隔开的整数 N,M 和 K;第 2 至 K + 1 行,每行用两个被空格隔开的整数 R 和 C 表示被水淹的单元的行号和列号。

输出格式:一行,表示最大湖包含的单元格个数。

本题可以将格子抽象为点,被淹没的相邻格子关系抽象为线(没有被淹没的相邻格子相互独立),从而将问题的求解状态空间抽象为一个图结构。然后,以每个结点为起点,穷举结点之间的连接关系,该连接关系称为连通子图。最后,用求最值方法找出最大的连接关系,即求一个图结构的最大连通子图。图 3-32 所示给出了相应的程序描述及解析。

本章小结

本章主要解析了程序设计 DNA 之一————数据处理的基本方法,解析了数据处理方法建立的基本原理,并给出了程序设计中常用的一些数据处理小方法。同时,通过具体示例解析了数据处理小方法的具体应用。

习 题

1. 什么是"5"、"2"、"5 + 2"? 请举例说明。
2. 请分析运算符优先级和结合性的区别与联系。
3. 什么是短路求值? 它有什么意义? 请举例说明。
4. 请分析 continue 语句和 break 语句的区别。
5. 什么是空语句? 它有什么作用?
6. 对于 switch 语句,其 case 部分有 break 语句和没有 break 语句有什么不同?
7. 对于 a[n] 中的数据,从后向前两两相邻比较,不断将最小的数据向前冒出,由此实现求最值并放置到最前面位置。请用"5 + 2"游戏实现它。
8. 向一个栈顶指针为 hs 的链式栈中插入一个指针 s 指向的结点时,应执行(　　　)操作。

   A) hs→next = s

   B) s→next = hs; hs = s

   C) s→next = hs→next; hs→next = s

   D) s→next = hs; hs = hs→next

9. 对于 a[n] 中的数据,如何用最快的方法求其第二大的数据?
10. 高精度数是指用一个整数数组存放一个超大的整数,数组的每一位存放超大整数的一个位。请利用"5+2"游戏,给出高精度数的输入、加法运算和输出的程序片段描述。

11. 对于多项式,可以利用"有序序列合并"方法进行运算。请利用"5+2"游戏,给出多项式的输入、加法运算和输出的程序片段描述。

12. 给定一个正整数 N(1<=n<=1 000),求 2 的 N 次方的值。

样例输入:

3

样例输出:

8

13. 数字反转(NOIP2011/普及组)

问题描述:给定一个整数,请将该数各个位上数字反转得到一个新数。新数也应满足整数的常见形式,即除非给定的原数为零,否则反转后得到的新数的最高位数字不应为零。

输入格式:一个整数 N

输出格式:一个整数,表示反转后的新数。

输入样例 1:

123

输出样例 1:

321

输入样例 2:

-380

输出样例 2:

-83

14. 阅读程序(NOIP2018 提高组)

```cpp
#include <cstdio>
int n, d[100];
bool v[100];
int main( ) {
    scanf("%d", &n);
    for(int i=0; i < n; ++i) {
        scanf("%d", d+i);
        v[i] = false;
    }
    int cnt = 0;
    for(int i=0; i < n; ++i) {
        if(! v[i]) {
            for(int j=i; ! v[j]; j=d[j]) {
                v[j] = true;
```

```
        }
        ++ cnt;
    }
}
printf("% d\n", cnt);
return 0;
}
```

输入:10 7 1 4 3 2 5 9 8 0 6

输出:_____

15. C++语言中,表达式(23|2^5)的值是(　　)。

    A) 18   B) 1   C) 23   D) 32

16. 输入一个十进制正整数 N(100 <= N <= 1 000 000),求其十位数。

17. 输入圆的半径 r,π 的值取 3.1415926,求圆的面积(结果保留 3 位小数)。

18. 输入三条边的边长 a、b、c(a、b、c 均为整数),如能构成三角形,则输出"YES",否则输出"NO"。

19. 对于一个正整数 n,如果能将 n 拆分为两个正偶数之和,则输出"T",否则输出"F"。如 n 为 8 时,可拆分为 4 和 4 的和,则输出"T";n 为 7 时,不可以拆分为两个偶数之和,则输出"F"。现给出正整数 n,请您编程根据 n(1 <= N <= 100)的值输出"T"或"F"。

20. 简单计算器(https://noi. openjudge. cn)

问题描述:一个最简单的计算器,支持 +, -, *, /四种运算。仅需考虑输入输出为整数的情况,数据和运算结果不会超过 int 表示的范围。

输入格式:输入只有一行,共有三个参数,其中第 1、2 个参数为整数,第 3 个参数为操作符(+, -, *,/)。

输出格式:输出只有一行,一个整数,为运算结果。然而:

(1) 如果出现除数为 0 的情况,则输出:Divided by zero!

(2) 如果出现无效的操作符(即不为 +, -, *, /之一),则输出:Invalid operator!

样例输入:

1 2 +

样例输出:

3

21. 统计满足条件的 4 位数个数(https://noi. openjudge. cn)

问题描述:给定若干个四位数,求出其中满足以下条件的数的个数:个位数上的数字减去千位数上的数字,再减去百位数上的数字,再减去十位数上的数字的结果大于零。

输入格式:输入为两行,第一行为四位数的个数 n,第二行为 n 个的四位数,数与数之间以一个空格分开。(n <= 100)

输出格式:输出为一行,包含一个整数,表示满足条件的四位数的个数。

样例输入:

5

1234 1349 6119 2123 5017

样例输出:

3

22. 删数问题

问题描述:键盘输入一个高精度的正整数 N,去掉其中任意 k 个数字后剩下的数字按原左右次序将组成一个新的正整数。编程对给定的 N 和 k,寻找一种方案使得剩下的数字组成的新数最小。输出应包括所去掉的数字的位置和组成的新的整数。(N 不超过 250 位)输入数据均不需判错。

输入格式:n(高精度的正整数),k(需要删除的数字个数)

输出格式:最后剩下的最小数

输入样例:

185438

2

输出样例:

1438

23. 拼数

问题描述:设有 n 个正整数(n <= 20),将它们连接成一排,组成一个最大的多位整数。

例如:n = 3 时,3 个整数 13,312,343 连接成的最大整数为:34331213

又如:n = 4 时,4 个整数 7,13,4,246 连接成的最大整数为:7424613

输入格式:第一行,一个正整数 n。第二行,n 个正整数。

输出格式:一个正整数,表示最大的整数

输入样例:

3

13 312 343

输出样例:

34331213

24. 螺旋矩阵(NOIP2014 普及组)

问题描述:一个 n 行 n 列的螺旋矩阵可由如下方法生成:从矩阵的左上角(第 1 行第 1 列)出发,初始时向右移动;如果前方是未曾经过的格子,则继续前进,否则右转;重复上述操作直至经过矩阵中所有格子。根据经过顺序,在格子中依次填入 1,2,3,…,n,便构成了一个螺旋矩阵。现给出矩阵大小 n 以及 i 和 j,请你求出该矩阵中第 i 行第 j 列的数是多少。

输入格式:共一行,包含三个整数 n, i, jn, i, jn, i, j,每两个整数之间用一个空格隔开,分别表示矩阵大小、待求的数所在的行号和列号。

输出格式:一个整数,表示相应矩阵中第 iii 行第 jjj 列的数。

输入样例:

4 2 3

输出样例:

14

数据说明:

对于 50% 的数据,1 <= n <= 100;

对于 100% 的数据,1 <= n <= 30000,1 <= i <= n,1 <= j <= n。

25. 农场周围的路(usaco)

问题描述:FJ 的奶牛对探索农场周围的地域很感兴趣。最初,所有 N(1 <= N <= 1000000000)头奶牛沿着一条路一起行动。在遇到一个岔路口后,奶牛们分成两组(没有一组为空)后继续往下走。当其中的一组遇到另一个岔路口后,继续分成两组,一直这样下去。奶牛有一种奇特的分组方法:如果它们能将奶牛分成两组奶牛数目相差 K,则它们将按此方法分组;否则它们将停止探索开始安静地吃草。假定在路上总是会有新的岔路出现,计算最后停下来吃草的奶牛的组数。

输入格式:第一行,两个用空格隔开的整数:N 和 K

输出格式:第一行,一个整数,表示最后停下来吃草的奶牛的组数。

输入样例:

6 2

输出样例:

3

说明:最终分组有 3 组(分别有 2,1 和 3 头奶牛在组里)。

26. 探测太空

问题描述:农民约翰的牛终于乘着他们的奶牛飞船发射升空,现在它们正在太空中飞行。它们想到位于木星的卫星上的亲戚那儿去,但是它们必须第一次飞越危险的小行星群。

Bessie 正驾驶飞船通过 N * N(1 <= N <= 1000)的危险区域。小行星群由许多 1 * 1 的方块组成(同一区域的方块与邻近的方块有相同的边)。下面是一个 10 * 10 的区域。每个' * '表示一个小行星,每个'.'表示空的区域。

```
...**.....        ...11.....
.*........        .2........
......*...        ......3...
...*..*...        ...3..3...
..*****...        ..33333...
...*......        ...3......
....***...        ....444...
.*..***...        .5..444...
.....*...*        ......4...6
..*.......        ..7.......
```

容易发现有 7 个小行星群在这个区域。现在 Bessie 决定只保留 K(0 <= k <= 小行星群数)个小行星群,请帮助 Bessie 计算最少清除几个小行星。

输入格式:第一行:两个正整数 N 和 K,用一个空格隔开;第 2···N+1 行:第 i+1 行包含一个长度为 N 的字符串表示通过的区域情况。

输出格式:一行,一个整数表示 Bessie 计算至少要清除几个小行星。

样例输入:

```
10 5
... * *.....
. *........
...... *...
... *.. *...
.. *****...
... *.....
.... ***...
. *.. ***...
..... *... *
.. *.......
```

样例输出:

2

第 4 章 "积木块"的构造与搭建

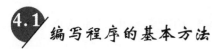
4.1 编写程序的基本方法

由图 1-4 可知,程序相当于写给小 C 看的作文。普通作文的表达,就像搭积木一样,将多个相关段落连接在一起,构成完整的作文。因此,程序也需要相似的机制,也就是,程序编写首先需要有一个个的"积木块"(称为函数),其次还需要解决"积木块"之间如何拼装(即"积木块"之间的关系,称为函数调用关系)。编写程序的基本方法就是一种搭建智力积木的游戏而已。看看第 1 章的 baby 程序、第 3 章的各个程序,是不是发现一个小秘密——它们都存在一个"int main( ){ }"?事实上,这个 main 就是一个"积木块"!而且,C++语言规定,每一个程序都必须包含一个 main"积木块",它是整个程序生命的起源。

因此,编写程序的基本方法由二元组({函数},{函数之间的关系})定义。

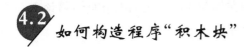
4.2 如何构造程序"积木块"

尽管找到了编写程序的基本方法,可是程序"积木块"——函数究竟如何构造呢?这个问题需要从两个层面理解:首先,需要规定一个统一的基本表达规则,以便表达"积木块";其次,需要做个有心人并发挥我们的大脑潜力,面向各种各样的应用问题,收集、整理和自己开发相应的"积木块",不断丰富自己的"积木块"仓库。显然,前者是封闭的、有限的,它仅仅是一种规则而已,可是后者却是开放的、无限的,它正是我们发挥思维潜能的空间。

C++语言中,函数的表达规则及其解析如图 4-1 所示。其中,函数返回类型、形式参数描述以及局部数据组织描述三个部分就是第 2 章数据组织方法的具体运用,局部数据处理描述就是第 3 章数据处理基本方法的具体运用。也就是说,我们仅仅是将数据组织方法和数据处理方法结合在一起,用一个大括号包装,然后再取一个寓意的函数名并加上一个函数头部而已(有关函数的详细定义规则及解析,参见参考文献[2])。

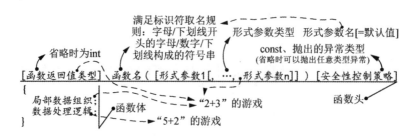

图 4-1　C++语言函数机制的定义规则

【例 4-1】　两数交换"积木块"

作为程序设计中最基本的应用方法,两数交换方法在例 3-10 已经给出,在此将该方法包装成一个"积木块",以便重用该方法(如图 4-2 所示)。

```
//两数交换
int Swap( int& x, int& y )
{
    int t;

    t = x;  x = y;  y = t;
    return 0; //正常结束
}
```

图 4-2　两数交换"积木块"
（C++语言描述）

```
//求最大值
int GetMax( int a[], int n )
{
    int max;

    max = a[0];
    for( int i = 1; i < n; i++ )
        if( a[i] > max ) max = a[i];
    return max;
}
```

图 4-3　求最大值"积木块"
（C++语言描述）

【例 4-2】　求最值"积木块"

求最值也是程序设计中最基本的应用方法,其原理在例 3-14 已经给出,在此也将该方法包装成一个"积木块",以便重用该方法。如图 4-3 所示。

【例 4-3】　数字分解"积木块"

数字分解的基本方法在例 3-12 中已经给出,在此通过函数机制将该方法包装成"积木块",如图 4-4 所示。所分解的各位数字按逆序存放在数组中,数组第一个元素为数字的个数(即原数的位数)。

```
// 分解n的各个数字按逆序存放在ret中
int GetBits( int n, int ret[] )
{
    int c = 0;

    while( n > 0 )
    {
        ret[++c] = n % 10;
        n = n / 10;
    }
    ret[0] = c;
    return 0; //表示正常结束
}
```

图 4-4　数字分解及组合"积木块"(C++语言描述)

【例 4-4】 打印图形"积木块"

通过函数机制将例 3-11 方法包装成一个"积木块",并且对该方法做适当拓展,以提高应用的灵活性。灵活性主要体现在形式参数 2、3 和 4,分别表示构成图形的基本原子符号、图形左边界的倾斜和右边界的倾斜。具体解析如图 4-5 所示。

```
void Graphy( int n, char c, int left, int right )
{// n: 高度; c: 原子符号; left: 左边是否倾斜;
// right: 0为右边倾斜, 非0右边不倾斜及每行宽度

  int i, j;

  for( i = 0; i < n; ++i )
  {
    if( left )
      for( j = 1; j < n-i-1; ++j )
        cout << ' ';

    if( !right )
      for( j = 1; j < 2*i+1; ++j )
        cout << c;
    else
      for( j = 1; j < right; ++j )
        cout << c;

    cout << endl;
  }
}
```

图 4-5　打印图形积木块(C++语言描述)

【例 4-5】 字符串标准库"积木块"

针对字符串的各种处理,基于图 3-27(a)的原理,C++标准库预先包装了各种"积木块",如附录 C 所示。

从基本的表达规则来看,"积木块"的构造好像很简单,然而,你不能被表象所迷惑。关于"积木块"的构建,有两点应该认识到:(1)将一种处理问题的方法(即"2+3"游戏与"5+2"游戏的综合)包装为一个"积木块",本质上已经提高了抽象的级别,它把对某个具体问题的处理提升到了对同类问题的处理,使得这种处理方法具有了大大的重用性。这个过程就是通过函数头中的形式参数实现的,形式参数将处理方法所作用的处理对象由具体提升为抽象,从而使得处理方法具有普适性,即从具体的特殊性到抽象的普遍性。(2)正是抽象级别的提升,导致一个"积木块"构造的关键就在于形式参数的设计,包括个数和类型。形式参数成为"积木块"对外的连接接口。

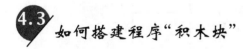

4.3 如何搭建程序"积木块"

单个程序"积木块"的作用有限,还需要进一步考虑如何搭建程序"积木块",也就是,如何将多个程序"积木块"连接在一起,形成一个整体,发挥更加完整的作用和能力,以便解决更大更复杂的问题。

　　将两个程序"积木块"连接在一起的方法需要用到一种特殊的数据组织结构——堆栈,连接的两个程序"积木块"分别称为主调函数和被调函数,主调函数调用被调函数(该过程称为函数调用),被调函数将处理结果返回给主调函数(该过程称为函数调用返回)。函数调用时,主调函数将实际参数(对应于形式参数)放到堆栈中,被调函数从堆栈中获取形式参数的具体值并执行其函数体的处理逻辑,然后将处理结果再放到堆栈中,最后主调函数从堆栈中获取处理结果,从而完成一次完整的程序"积木块"的连接。如图4-6所示。

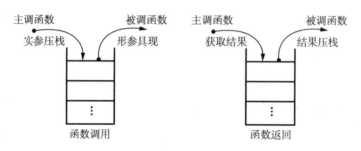

图4-6　函数调用与返回

　　函数的调用,本质上就是将被调函数所包装的方法重用于实际参数。随着每次调用的实际参数不同,被调函数所包装方法的重用性就凸显出来,这就是程序"积木块"构建的意义所在。

　　为了增加程序"积木块"连接的灵活性,程序设计语言中对形式参数和实际参数的传递方式一般都提供两种类型:值传递和地址传递。值传递是单向的(被调函数对传递进来的形式参数当前值的改变不影响相应的实际参数,被调函数体的执行逻辑所作用的实际对象为形参。该传递方式可以通俗地理解为"一刀两断"),地址传递是双向的(被调函数对传递进来的形式参数当前值的改变会影响相应的实际参数,被调函数体的执行逻辑所作用的实际对象为实参。该传递方式可以通俗地理解为"藕断丝连")。C++语言中,值传递包括普通值传递和指针值传递,地址传递称为引用传递,其中指针值传递也具有地址传递的作用。有关参数传递的各种方式及其效果分析,参见图4-7所示。

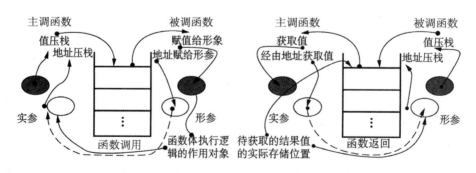

图4-7　参数传递方式原理解析

采用不同传递方式的形式参数设计与返回值类型设计,同一个程序"积木块"可以呈现出多种描述形态。例 4-1、例 4-2 和例 4-3 程序小"积木块"的各种描述版本分别如图 4-8、图 4-9 和图 4-10 所示。其中,由图 4-8 可知,形式参数的设计(即"2 +3"的游戏)会直接影响"积木块"构建的正确性。

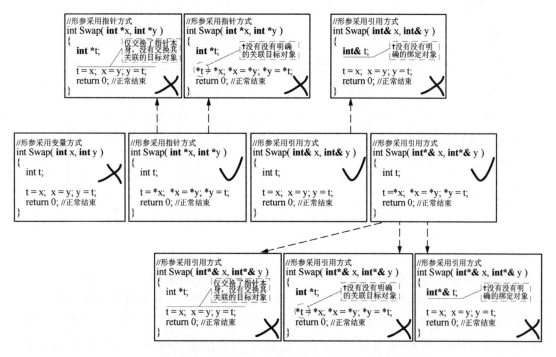

图 4-8　两数交换程序"积木块"的各种描述版本

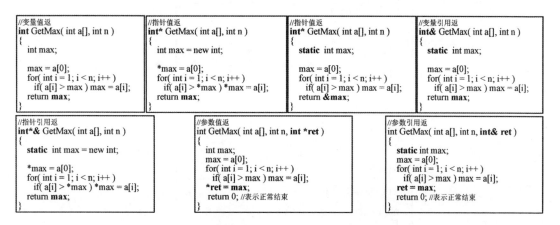

图 4-9　求最大值程序"积木块"的各种描述版本

```
int GetBits( int n, int ret[] )
{
    int c = 0;

    while( n > 0 )
    {
        ret[++c] = n % 10;
        n = n / 10;
    }
    ret[0] = c;
    return 0; //表示正常结束
}
```

```
int GetBits( int n, int *ret )
{
    int c = 0;

    while( n > 0 )
    {
        ret[++c] = n % 10;
        n /= 10;
    }
    ret[0] = c;
    return 0; //表示正常结束
}
```

```
int GetBits(int n, int*& ret)
{
    int c = 0;

    while( n > 0 )
    {
        ret[++c] = n % 10;
        n /= 10;
    }
    ret[0] = c;
    return 0; //表示正常结束
}
```

```
int GetBits( int n, int ret[] )
{
    int c = 0;

    while( n > 0 )
    {
        *( ret + ++c ) = n % 10;
        n /= 10;
    }
    *ret = c;
    return 0; //表示正常结束
}
```

```
int GetBits( int n, int *ret )
{
    int c = 0;

    while( n > 0 )
    {
        *( ret + ++c ) = n % 10;
        n /= 10;
    }
    *ret = c;
    return 0; //表示正常结束
}
```

```
int GetBits(int n, int*& ret)
{
    int c = 0;

    while( n > 0 )
    {
        *( ret + ++c ) = n % 10;
        n /= 10;
    }
    *ret = c;
    return 0; //表示正常结束
}
```

图 4-10　数字分解程序"积木块"的各种描述版本

【例 4-6】 水仙花数

水仙花数也被称为自幂数,它是指一个三位数,其每个位上数字的三次幂之和等于它本身。为了找出所有的水仙花数,显然可以用一个循环语句,对所有三位数逐个判断即可。依据水仙花数的定义,判断时首先需要分解三位数的三个数字,该方法正好可以利用例 4-3 所给的"积木块"解决。图 4-11 所示给出了程序描述及解析(依据 C++语言的规则,数组采用引用传递,被调函数的执行逻辑根据地址间接地实际操作 digit 数组)。

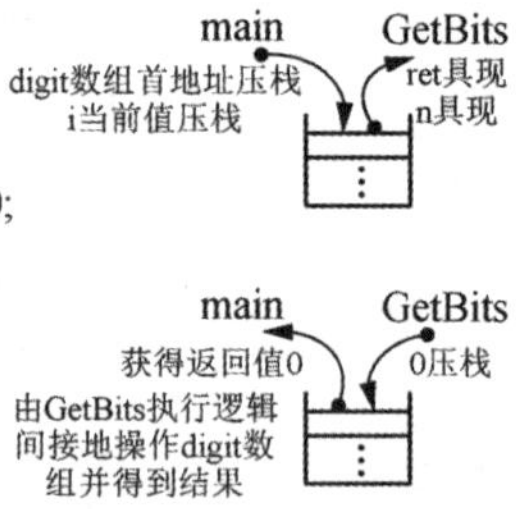

图 4-11　求出所有的水仙花数

【例4-7】 扔骰子

骰子是许多娱乐项目必不可少的工具之一,其本质是用来产生随机机会,增加项目的娱乐性。最常见的骰子是六面骰,它是一个小的正立方体,六个面分别有一到六个点(或数字),并且相对两个面的数字之和必为七。本题利用标准库积木块 srand 函数和 rand 函数来模拟投掷骰子的过程。具体要求是:模拟投掷骰子 n(1 <= n <= 100)次,统计一个点(或数字1)所在面向上的次数。

针对该问题,投掷 n 次可以通过循环语句完成,统计一个点所在面向上的次数可以通过"累加/统计"小方法完成,最关键的问题是如何"扔出骰子"。为此,需要利用 C++ 标准库为我们提供的两个"积木块"srand 函数和 rand 函数。rand 函数以默认种子 0 产生一个固定范围(注:具体的范围依据计算机系统字长及标准库版本的不同而不同,可以查阅相关资料)内的伪随机数,该函数本质上是通过一种数学方法构造出随机数(即伪随机数),而不是真正的随机数。srand 函数可以改变种子。为了增加随机性,可以利用时间作为种子,使得每次运行可以指定一个不同的启发种子,并以该种子为起点开始发芽。图 4-12 所示给出了相应的程序描述及解析。

```cpp
#include <ctime>
#include <cstdlib>
using namespace std;
int Dice( int n )
{
    int ans = 0;
    srand(( unsigned ) time( 0 ));
        // time()函数获取当前时间,然后以该时间作为新的种子
    for( int i = 0; i < n; i++ )
    {
        int num = rand() % 6 + 1;// 将rand()产生的随机数映射到1~6
        if ( num == 1 ) ans++;
    }
    return ans;
}
```

图 4-12 统计骰子一点的出现次数

【例4-8】 统计单词数(NOIP2011 普及组)

题目描述:一般的文本编辑器都有查找单词的功能,该功能可以快速定位特定单词在文章中的位置,有的还能统计出特定单词在文章中出现的次数。现在,请你编程实现这一功能,具体要求是:给定一个单词,请你输出它在给定的文章中出现的次数和第一次出现的位置。注意:匹配单词时,不区分大小写,但要求完全匹配,即给定单词必须与文章中的某一独立单词在不区分大小写的情况下完全相同(参见样例1),如果给定单词仅是文章中某一单词的一部分则不算匹配(参见样例2)。

输入格式:共 2 行。第 1 行为一个字符串,其中只含字母,表示给定单词;第 2 行为一个字符串,其中只可能包含字母和空格,表示给定的文章。

输出格式:一行,如果在文章中找到给定单词则输出用一个空格隔开的两个整数,分别是单词在文章中出现的次数和第一次出现的位置(即在文章中第一次出现时,单词首字

母在文章中的位置，位置从 0 开始）；如果单词在文章中没有出现，则直接输出一个整数 −1。

本题的处理，包括输入、单词判断与匹配、字符大小写转换等，这些处理都涉及字符串的处理。

因此，本题的求解可以利用标准库的字符串处理函数来完成。图 4-13 所示给出了相应的程序描述及解析。其中，变量 p 的作用非常重要，它总是给出当前剩余文章部分的起始位置，以便进一步继续搜索指定的单词。

```cpp
#include <csting> // 引入字符串处理积木库
#include <cstdio>
using namespace std;

int p = 0, tot = 0, first;
char t[15], s[1000005], tmpt[15] = {" "}, tmps[1000005] = " ";
bool suc = false;

int main()
{
  gets( t ); // 利用字符串处理积木块gets()输入给定的单词
  strcat( tmpt, t );
  strcat( t, " " ); // 确保完整匹配
  gets( s ); // 利用字符串处理积木块gets()输入给定的文章
  strcat( tmps, s );
  strcat( s, " " ); // 确保完整匹配
  strlwr( t ); // 利用字符串处理积木块strlwr()将字符统一为小写
  strlwr( s );
  while( strstr( s + p, t ) != NULL )
  { // 利用字符串处理积木块strstr从给定的文章中检索到给定的单词
    if( !suc )
    { // 首次检索到该单词
      suc = true; // 做标记
      first = strstr( s + p, t ) - s; // 计算首次出现的位置
    }
    tot++; // 统计出现的次数
    p = strstr( s + p, t ) - s + 1; // p指向剩余文章部分的起始位置
  }
  if( suc ) // 检索到给定单词
    printf( "%d %d\n", tot, first );
  else // 没有检索到给定单词
    printf( "%d\n", -1 );
  return 0;
}
```

输入样例1:
To
to be or not to be is a question
输出样例1:
2 0

输入样例2:
to
Did the Ottoman Empire lose its power at that time

输出样例2:
-1

图 4-13　统计单词数问题的求解

4.4 程序"积木块"的一种特殊搭建方法——递归

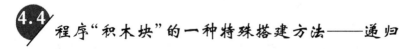

递归是程序"积木块"的一种特殊搭建方法，它的主调函数和被调函数都是同一个函数，

也俗称为自己调用自己。从函数连接的方法看,递归并没有什么特别之处,也是遵循程序"积木块"的基本连接方法。然而,具备递归特性的函数(称为递归函数)的构造却具有一些神奇之处。首先,递归函数一定有形式参数,至少一个,用于表示待处理的数据规模;其次,递归函数的执行体中一定包含一个对边界条件的处理和一个调用自己的处理(称为递归调用);最后,递归函数执行体中除了边界条件处理和递归调用处理外,允许包含一个附加的综合处理(也可以没有),该综合处理一般都是在递归调用处理之后。图4-14 所示给出递归函数的示例。

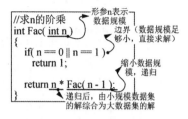

图 4-14 递归调用函数示例

递归函数所蕴含的处理方法,本质上就是不断缩小待处理数据集的规模,对于缩小后的待处理数据集,仍然采用同样的处理方法,直到待处理数据集规模足够小,可以直接求解为止。由此可见,递归实际上是一种最简单的方法,它将大部分人类工作转移给了神奇宝贝小 C。另外,递归函数至少一个形式参数,就是指待处理数据集的规模;递归函数执行体中的边界条件处理就是指待处理数据集规模足够小时的直接求解,一个递归调用处理就是不断缩小待处理的数据集规模并用同样方法处理;递归函数执行体中的综合处理就是将小规模数据集的处理结果综合为大规模数据的处理结果。图4-15 所示给出了递归原理的解析。

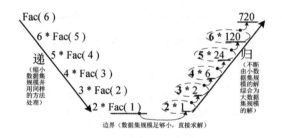

图 4-15 认识递归

【例 4-9】 求两个数的最大公约数

顾名思义,两个数的最大公约数是指能够同时被两个数整除的最大因子。求两个数的最大公约数有很多方法,在此介绍辗转相除法,如图 4-16 所示。

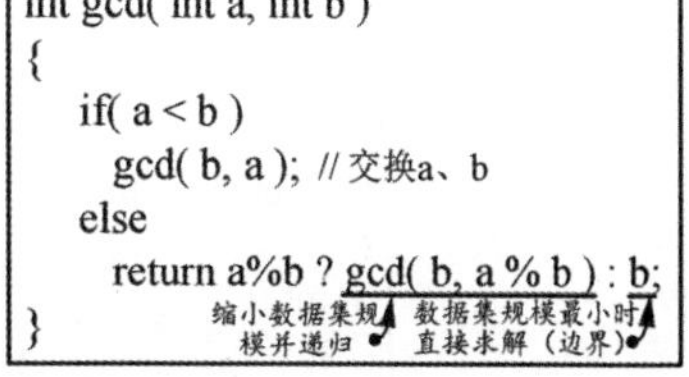

```
int gcd( int a, int b )
{
    if( a < b )
        gcd( b, a ); // 交换a、b
    else
        return a%b ? gcd( b, a % b ) : b;
}
```

图 4-16 求最大公约数

【例 4-10】 图的深度优先遍历

例 3-18 给出了图结构深度优先遍历的非递归方法,通过人工定义一个堆栈作为辅助结构,堆栈的所有操作都是由程序设计人员自己完成。然而,每次从扩展的顶点选择一个继续采用同样方法处理的基本思想就是递归处理的思想,即不断缩小数据集规模(不断缩小的子图),边界就是无法再进行扩展的当前顶点,退栈就相当于递归调用后的综合处理。因此,图的深度优先遍历可以直接采用递归方法,以简化程序的表达,让程序自身利用系统堆栈帮我们处理有关堆栈的一切操作。图 4-17 所示给出了图深度优先遍历的递归方法。

```
#include <bits/stdc++.h>
using namespace std;
#define N 8

int graph[8][8] = //图2-24无向图的邻接矩阵存储
{{ 0, 1, 0, 0, 1, 0, 0, 0 },
 { 1, 0, 1, 1, 1, 0, 0, 0 },
 { 0, 1, 0, 0, 0, 0, 0, 1 },
 { 0, 1, 0, 0, 1, 1, 1, 1 },
 { 1, 1, 0, 1, 0, 0, 1, 0 },
 { 0, 0, 0, 1, 0, 0, 0, 0 },
 { 0, 0, 0, 1, 1, 0, 0, 0 },
 { 0, 0, 1, 1, 0, 0, 0, 0 }};
bool visited[8]; // 记录结点是否已被访问过

void DFS( int v )
{
  printf( "%d ", v + 1); // 访问结点v
  visited[v] = true;   // 设置结点v已被访问过的标志
  for( int j = 0; j < N; j++ ) // 对于结点v的所有未被访问过的
                               // 相邻结点j（即缩小数据集规模），以同样的访问处理
    if( graph[v][j] && !visited[j] ) DFS( j );
}
            邻接结点    未被访问过   缩小数据集规模后递归
int main()
{
  DFS( 0 ); //从初始结点1开始遍历（注：图2-24无向图结点1对应数组第0个元素）
  return 0;
}
```

图4-17 图的深度优先遍历(递归方法)

【例4-11】 求 n 个数中最大的数(递归方法)

依据递归方法的原理,首先分析数据规模足够小可以直接求解的边界情况,在此是指当 n(数据规模)为 1 时,此时最大数显然就是该数本身;其次,对于 n 个数求最大数问题,可以通过不断缩小数据集规模并用同样的处理方法来递归处理,即将 n 缩小为 n−1,把求解 n 规模的问题转化为求 n−1 规模的问题;最后,不断综合小规模递归求解的结果即可。即将 n−1 规模数据集中的最大数和第 n 个数据比较,得到 n 规模数据集中的最大数。图4-18 所示给出了相应的程序描述及解析。

```
int GetMax( int num[], int n )
{                      数据集规模
  int i;

  if ( n == 1 ) // 数据规模足够小时的边界处理/递归结束
    return num[0];
  else
    return num[n-1] > ( int temp = GetMax( num, n-1 )) ? num[n-1] : temp;
}
      递归后，由小规模数据集的解综合为大数据集的解   缩小数据集规模，递归处理
```

图4-18 求 n 个数中的最大数(递归方法)

【例 4-12】 数的计算(NOIP 2001/普及组)

问题描述:找出具有下列性质的数的个数(包含输入的自然数 n 本身)。即输入一个自然数 n(n <= 100),然后对此自然数按照如下方法进行处理:

不做任何处理;或

在它的左边加上一个自然数,该自然数不能超过原数的一半;或

加上数后,继续按此规则进行处理,直到不能再加自然数为止。

输入格式:一行,包含 1 个自然数 n。

输出格式:一行,包含 1 个整数,表示具有该性质的数的个数。

针对本题,仔细分析可知:(1)只要求具有该性质的数的个数,不要求给出具体的数;(2)依据给出的处理规则,原数左边能够添加的自然数最小为 1;(3)结合上述两点分析,本题相当于每次求当前原数可以折半的次数。因此,一个原数的折半次数可以通过 1 ~ n/2 循环处理即可;对于每次添加的新的自然数,可以通过递归方法实现其求解;最后,将每次递归的结果进行综合,得到最终的解。图 4-19 所示给出了相应的程序描述及解析。

```cpp
#include <iostream>
using namespace std;

int n, ans;

void dfs( int n )
{
    ans++; // 原数n本身算一个,并且利用递归机制综合由
           //1~n/2各个新添加的自然数的处理结果
    for( int i = 1;i <= n / 2; i++ )
        dfs( i ); // 对于不超过n一半的数继续使用同样的方法
}
int main()
{
    cin >> n;
    dfs( n );
    cout << ans << endl;
    return 0;
}
```

图 4-19 "数的计算"问题求解程序描述及解析

【例 4-13】 幂次方表示法(NOIP 1998/普及组复赛)

问题描述:任何一个正整数都可以用 2 的幂次方表示,例如:$137 = 2^7 + 2^3 + 2^0$。同时约定次方用括号来表示,即 a^b 可表示为 a(b)。由此,137 可表示为:2(7) + 2(3) + 2(0)。进一步,$7 = 2^2 + 2 + 2^0(2^1$ 用 2 表示),并且 $3 = 2 + 2^0$。因此,137 最终可以表示为:2(2(2) + 2 + 2(0)) + 2(2 + 2(0)) + 2(0)。又例如:$1\,315 = 2^{10} + 2^8 + 2^5 + 2 + 1$,所以 1 315 最终可以表示为:2(2(2 + 2(0)) + 2) + 2(2(2 + 2(0))) + 2(2(2) + 2(0)) + 2 + 2(0)。

输入格式:一行,包含一个正整数 n(n <= 20 000)

输出格式:一行,表示基于 0 和 2 的 n 的最终表示(表示中不能有空格)

针对本题,通过仔细分析可知:(1)需要将一个正整数转化为二进制;(2)对于二进制位 0 不要处理,对于二进制位 1,需要以该位位权表示,并且,位权 2^k 表示为 2(k)形式;(3)注意对一些边界情况的处理,即 2^0 直接用 2 表示,除首位外,其他位表示需要加前缀连接符号

"+";(4)对于指数 k,仍然采用同样的方法处理,相当于将原数据规模 n 缩小为规模 k,直到数据规模足够小为止(k 为 0 或 1)。图 4-20 所示给出了相应的程序描述及解析。

```cpp
#include <iostream>
using namespace std;

void p( int n )
{
    if ( n == 0 )
    { cout << 0; return; }
    if ( n == 1 )
    { cout << "2(0)"; return; }
    int t = 0, num[16];
    while( n )
    {
        num[ t++ ] = n % 2;
        n /= 2;
    }
    for( int i = t - 1; i >= 0; i-- )
    { // 由高位到低位, 对二进制的每一位进行处理
        if( num[i] == 0 ) // 当前位为0, 不需要表示
            continue;
        if( i < t - 1 ) // 当前不是最高位
            cout << "+";
        if ( i == 1 )   // 2¹用"2"表示
        { cout << "2"; continue; }
        cout << "2(";  // 除2¹外, 任何2的幂形式用2(...)表示
        p( i );
        cout << ")";
    }
}

int main()
{
    int n;
    cin >> n;
    p( n );
    cout << endl;
    return 0;
}
```

数据规模足够小时的边界处理/递归结果

将 n 转换为二进制(参见图 4-10, 基数改为 2)

缩小数据集规模后的递归处理

递归后, 由小规模数据集的解综合为大数据集的解

图 4-20 "幂次方表示法"问题求解程序描述及解析

本章小结

本章在第 2 章和第 3 章的基础上,解析了程序"积木块"的构造方法及其蕴含的抽象本质,程序"积木块"之间的连接方法及其多种方式,以及一种特殊的连接方法——递归。在此基础上,建立了程序构造的一种基本方法,即函数及其调用关系。

习　题

1. 针对图 4-7 中采用引用方式返回结果的情况,结果值实际存储位置处于被调函数中,每当函数调用返回时,该位置空间会自动释放,请问如何解决该问题? 同时,分析图 4-8、图 4-9 和图 4-10 中各个版本的传递方式。

2. 素数对

问题描述:两个相差为 2 的素数称为素数对,如 5 和 7,17 和 19 等,本题目要求找出所有两个数均不大于 n 的素数对。

输入格式:一个正整数 n。1 <= n <= 10 000。

输出格式:所有小于等于 n 的素数对。每对素数对输出一行,中间用单个空格隔开。若没有找到任何素数对,输出 empty。

样例输入:

100

样例输出:

3 5

5 7

11 13

17 19

29 31

41 43

59 61

71 73

3. 素数个数

问题描述:求 1,2,…,N(1 <= N <= 10 000)中素数的个数。

输入格式:1 个整数 N。

输出格式:1 个整数,表示素数的个数。

输入样例:

10

输出样例:

4

4. 最大公约数

问题描述:输入 n 个正整数求它们的最大公约数。

输入格式:两行,第一行为一个正整数,表示共有几个整数;第二行为用空格隔开的对应的正整数序列。

输出格式:一行,最大公约数。

输入样例:

2

48　54

输出样例:

6

样例说明:输入共两行,第一行为 N 的值,第二行为 N 个数值,输出共一行,为最大公约数。

5. 约数之和

问题描述:给你一个数字 N(1<=N<=1 000 000),求它的所有约数的和。例如:12,约数有 1,2,3,4,6,12 加起来是 28。

输入格式:一个数字 N

输出格式:N 的约数之和

样例输入:

12

样例输出:

28

6. 对 6~1 000 内的偶数验证哥德巴赫猜想:任何一个大于 6 的偶数总可以分解为两个素数之和。

7. 输入一个字符串,编写一个函数统计该字符串中指定字符 c 的个数,并返回此值。例如:若输入字符串 s="123412132",c="1",则输出 3。

8. 用递归的方法求 1+2+3+⋯+(n-1)+n 的值。

9. 求先序排列(NOIP 2000 普及组)

问题描述:给出一棵二叉树的中序与后序排列。求出它的先序排列。(约定树结点用不同的大写字母表示,长度<=8)。

输入格式:2 行,均为大写字母组成的字符串,表示一棵二叉树的中序与后序排列。

输出格式:1 行,表示一棵二叉树的先序。

输入样例:

BADC

BDCA

输出样例:

ABCD

10. 字符串近似查找(NOIP 2002/普及组)

问题描述:设有 n 个单词的字典表(1<=n<=100)。计算某个单词在字典表中的 4 种匹配情况(字典表中的单词和待匹配单词的长度上限为 255):

i:该单词在字典表中的序号;Ei:在字典表中仅有一个字符不匹配的单词序号;Fi:在字典表中多或少一个字符(其余字符匹配)的单词序号;N:其他情况。当查找时有多个单词符合条件,仅要求第一个单词的序号即可。

输入格式:n(字典表的单词数)

　　　　　n 行,每行一个单词

　　　　　待匹配的单词

　　输出格式:

i

Ei

Fi

其中,i 为字典表中符合条件的单词序号(1<=i<=n),若字典表中不存在符合条件的单词,则对应的 i 为 0。若上述 3 种情况不存在,则输出 N。

样例输入 1：

5

abcde

abc

asdfasfd

abcd

aacd

abcd

样例输出 1：

E5

F1

样例输入 2：

1

a

b

样例输出 2：

0

E0

F0

N

11. FBI 树

问题描述：可以把由"0"和"1"组成的字符串分为三类：全"0"串称为 B 串，全"1"串称为 I 串，既含"0"又含"1"的串则称为 F 串。FBI 树是一种二叉树，它的结点类型也包括 F 结点，B 结点和 I 结点三种。由一个长度为 2N 的"01"串 S 可以构造出一棵 FBI 树 T，递归的构造方法如下：

(1) T 的根结点为 R，其类型与串 S 的类型相同；

(2) 若串 S 的长度大于 1，将串 S 从中间分开，分为等长的左右子串 S1 和 S2；由左子串 S1 构造 R 的左子树 T1，由右子串 S2 构造 R 的右子树 T2。

现在给定一个长度为 2N 的"01"串，请用上述构造方法构造出一棵 FBI 树，并输出它的后序遍历序列。

输入格式：输入文件 fbi. in 的第一行是一个整数 N（0 <= N <= 10），第二行是一个长度为 2N 的"01"串。

输出格式：输出文件 fbi. out 包括一行，这一行只包含一个字符串，即 FBI 树的后序遍历序列。

样例输入：

3

10001011

样例输出：

IBFBBBFIBFIIIFF

数据规模:

对于40%的数据,N<=2;

对于全部的数据,N<=10。

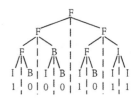

第 **5** 章 "积木块"的进化及搭建

如何让程序"积木块"更加完美

第 4 章中我们构造了第一代程序"积木块"——函数,也研究了它们之间的搭建方法——函数之间的关系(即函数调用与返回),并且,建立了第一代程序设计方法——({函数},{函数的关系})。第一代程序设计方法统治程序世界大约 20 年的时间(20 世纪 60 年代到 80 年代),在大量的程序设计应用实践中,该方法逐渐暴露出它的先天不足,特别是针对大规模程序的构造,它会带来数据波动效应(有关数据波动效应,参见其他相关资料),影响程序的开发效率、成本和质量。为此,人们寻找新的途径,让程序"积木块"进化,以便更加完善。

对第一代程序设计方法仔细分析可以看到,函数机制主要关注了数据处理方面,而对数据组织方面并没有引起重视,特别是对于数据处理和数据组织两者的关系方面没有足够重视。事实上,程序有两个 DNA,即数据处理和数据组织。显然,从直观上看,淡化任何一个总是不健全的。所以,第一代程序设计方法的先天不足是必然的。为此,可以从关注数据组织与数据处理两者的综合角度出发,来进化程序"积木块"。也就是,充分关注数据处理和数据组织两者的关系。

5.2 如何构造新的程序"积木块"

依据上述的进化思路,新的程序"积木块"应该提供一种表达方式,用来将相关的数据组织和数据处理综合在一起。为此,C++程序设计语言中,通过"类"的概念来定义一个程序"积木块",具体如图 5-1 所示。

类是一种数据类型,与 bool、int、float/double、char 等基本类型相对应,类类型一般被称为抽象数据类型。抽象的意思是指它可以表达任意一种处理对象。类类型与 bool、int、float/double、char 等基本类型具有相似的使用规则,唯一不同的是由它定义的具体处理对象(称为实例)

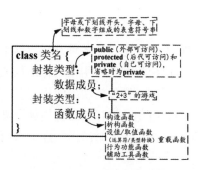

图 5-1 C++语言中类的定义

的初始化需要由类自己解决，因为翻译程序预先不能确定如何初始化；同样，对应的实例撤销也需要由类自己解决，因为翻译程序预先也不能确定如何撤销实例。为此，类机制中，必须提供两种特殊的函数成员——构造函数和析构函数，分别对应于实例的初始化和撤销。图 5-2 所示，给出了类机制的具体应用示例及解析。

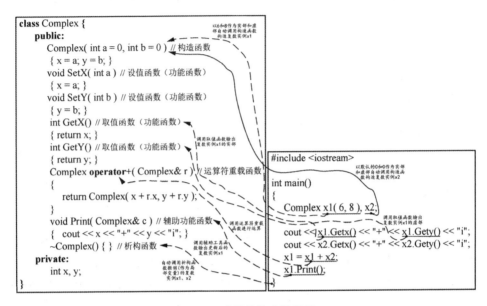

图 5-2　类的具体应用示例

另外，除了构造与析构外，类作为一种新的数据类型，有时还必须解决其运算问题。为此，类机制中可以通过函数重载方式定义自己的运算。具体而言，定义一个特殊函数成员，其名称规定为由单词 operator 和具体的运算符构成，其形式参数为参与运算的另一个运算量，其函数体的处理逻辑即是实现具体的运算规则。图 2-35 给出了一个简单示例，图 5-2 中给出了另一个示例及解析——复数的加法运算。事实上，前面各章的程序中用到的输入（>>）输出（<<），就分别是 istream 类和 ostream 类中自定义的重载运算（注：有关输入输出流的类机制及函数重载、运算符重载等概念的详细解析，在此不做展开，读者可以参见参考文献[2]）。

作为一种新的程序"积木块"，类机制较好地克服了函数机制的弊端。然而，对完美的追求总是无止境的，人们又从另一个角度对函数机制和类机制进行了拓展，使其更具有广泛的适应能力，这就是模板机制。对应函数，称为函数模板；对应类，称为类模板。第 2 章介绍的 STL 库中预定义的各种常用数据组织结构，都是基于类模板机制实现的。

模板机制的作用在于将函数或类所涉及的数据类型由具体拓展为抽象，进一步提升抽象的级别。模板机制的使用，首先需要将模板中的抽象类型通过具体类型实例化，然后再按照函数机制或类机制的使用规则进行。值得庆幸的是，这个过程是由翻译程序自动完成的，我们只要在表达时给出一点提示而已。具体解析参见图 5-3 所示。

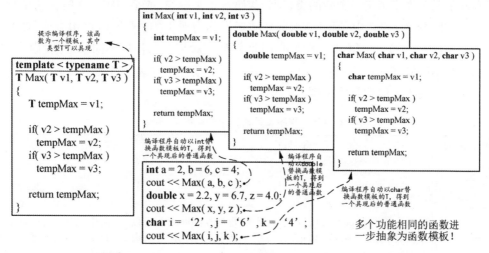

（a）函数模板

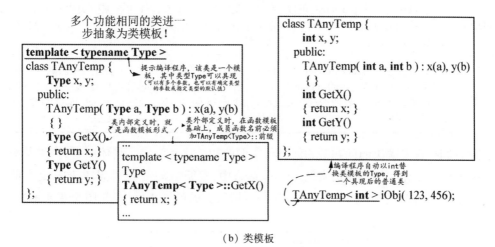

（b）类模板

图 5-3 模板机制及自动具现解析

从思维角度看,可以将函数到类的进化看作是一种纵向进化,而模板机制是一种横向进化。

 如何搭建新的程序"积木块"

与函数之间的关系不同,类之间的关系相对比较复杂,一般有嵌入、继承和多态三种。继承与多态用于描述同一类族之间的遗传关系（纵向关系）,嵌入用于描述不同类族之间的依赖或协作关系（横向关系）。

5.3.1 继承

继承是用来构建新程序"积木块"的另一种手段,与直接定义一个类的方法不同,它可以基于已存在的某个类来定义一个新的类（即新类继承了某个类，或某类将一些特征遗传给了新类）。C++程序设计语言中，通过继承定义的新类称为派生类（或子类），相应地，被继承的类称为基类（或父类）。依据继承的方式不同，派生类对基类的各种不同特征的"财产"的继承能力也是不同的，C++程序设计语言中，具体的继承规则如表5-1所示。图5-4所示给出了一个继承关系应用的具体示例。

表5-1　C++程序设计语言中的类继承规则

继承类别 基类成员 封装类别	public	protected	private
public	在派生类中为public，可以直接由任何成员函数/友元函数和非成员函数访问	在派生类中为protected，可以直接由成员函数/友元函数访问	在派生类中为private，可以直接由成员函数/友元函数访问
protected	在派生类中为protected，可以直接由任何成员函数/友元函数访问	在派生类中为protected，可以直接由任何成员函数/友元函数访问	在派生类中为private，可以直接由成员函数/友元函数访问
private	在派生类中隐藏（private），可以通过基类的 public/protected 成员函数/友元函数访问	在派生类中隐藏（private），可以通过基类的 public/protected 成员函数/友元函数访问	在派生类中隐藏（private），可以通过基类的 public/protected 成员函数/友元函数访问

使用继承时，首要解决的问题是如何进行实例的初始化和撤销。具体而言，当用子类定义实例时，如何初始化实例和撤销实例。C++语言中，遵循"尊老"原则，即先构造父类的实例，再构造子类本身的实例；撤销实例的顺序与构造实例的顺序相反（参见图5-4所示）。

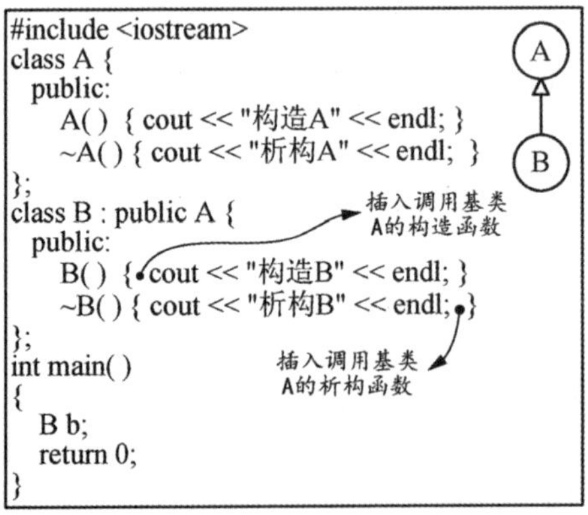

```
#include <iostream>
class A {
  public:
    A() { cout << "构造A" << endl; }
    ~A() { cout << "析构A" << endl; }
};
class B : public A {
  public:
    B() { cout << "构造B" << endl; }
    ~B() { cout << "析构B" << endl; }
};
int main()
{
  B b;
  return 0;
}
```

插入调用基类A的构造函数

插入调用基类A的析构函数

图5-4　C++程序设计语言中的类继承应用示例

5.3.2 多态

继承是从派生类角度来看的，如果从基类角度看，继承也可以看作是一种遗传。多态本质上也是一种遗传,是施加在继承关系上的一种约束,相当于一种遗传变异。

多态的主要作用用于解决继承时子类中其自身行为和从父类继承而来的同样行为两者发生冲突时的选择问题。具体来说,如果子类自身有一个函数 f,它从父类也继承了一个函数 f,此时,通过子类实例的关联去调用函数 f 时就会发生冲突,即究竟是调用哪个 f 呢?或者,如何使得父类的函数 f 到子类后遗传变异为子类的 f 呢?

C++ 程序设计语言中,通过关键词 virtual 修饰一个基类的函数,促使翻译程序自动地实现多态关系,实现相应的遗传变异。图 5-5 所示给出了详细的解析。

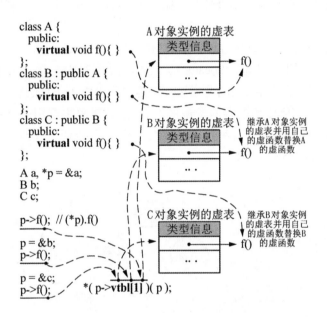

图 5-5　C++ 程序设计语言中的多态关系

5.3.3　嵌入

嵌入也可以看作是另一种用来构建新程序"积木块"的手段,与继承方法不同,它仅仅是借助于一个已存在的类来定义一个新类的数据成员,即将一个已存在的类全部嵌入到新类中。一般来说,新类与嵌入的类是属于不同的家族。

使用嵌入时,首要解决的问题也是如何进行实例的初始化和撤销。具体而言,当用新类定义实例时,如何初始化实例和撤销实例。C++ 语言中,遵循"爱幼"原则,即先构造嵌入类的实例,再构造新类本身的实例。图 5-6 所示给出了相应的解析。

嵌入关系可以有另一种变形,即通过关联间接嵌入一个类,此时,嵌入类可以是新类本身。针对这种情况,在此

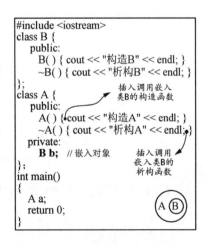

图 5-6　C++ 程序设计语言中嵌入时的实例构造与析构

不做进一步展开。

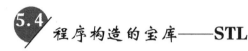

5.4 程序构造的宝库——STL

基于函数模板机制和类模板机制,C++ STL 中预先构造了多种数据组织"积木块"(参见第 2.5.3 小节)和数据处理"积木块",这些"积木块"不但执行效率高,而且通过模板机制具有对各种类型的自适应性(即泛型设计)。因此,构造程序时可以充分利用这些预先构造好的"积木块"。

STL 涉及容器(container)、算法(algorithm)、迭代器(iterator)、适配器(adapter)、函数对象(function object)和空间配置器(allocator)六个组件,容器主要用于数据组织(参见第 2.5.3 小节的相关解析),算法主要用于数据处理,迭代器主要用于算法和容器的结合,空间配置器主要用于容器与其所依赖的存储资源的结合,函数对象主要用于算法与其具体实现策略的结合,适配器机制主要用于各种接口的转换及其扩展,以便更好地扩展 STL 现有的能力。六个组件的关系如图 5-7 所示。

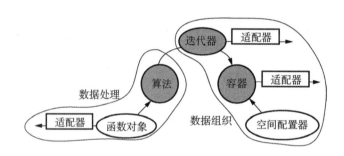

图 5-7 C++ STL 的基本体系

由图 5-7 可知,STL 中的数据处理"积木块"(即各种算法函数)的使用,需要通过迭代器才能访问用于数据组织的容器。因此,STL 的基本使用方法一般是:

(1)创建某种容器的一个具体实例;

(2)为容器实例配置一个合适的迭代器实例;

(3)使用一个算法,通过迭代器操作容器实例。

实际应用时,有时迭代器可以简化或退化,即不明显地给出,直接用顺序迭代。具体参见图 5-8 的相应解析。

5.5 C++ STL 中的常用新程序"积木块"

基于新程序"积木块"机制,C++ STL 预先构建了大量的新程序"积木块",这些新程序"积木块"基本上都是采用模板机制构建。其中,使用最频繁的就是输入输出"积木块"。在此,主要介绍一些常用新程序"积木块"的具体使用(有关面向数据组织的常用新程序"积木块"本身的介绍,参见第2.5.3小节;有关面向数据处理的常用新程序"积木块"本身的简介参见附录D,详细介绍不再给出,读者可以参阅其他资料)。

【例5-1】　数列分割(http://www.codevs.cn/problem/3394/)

给定一个包含N个数的数列,将它按顺序分割为M个新数列,分割规则如下:

(1) 第i个元素将被分割进入第(i%M)+1个数列中;

(2) 新数列中的元素按照被分割的顺序,新分割到的数放在最后。

输入格式:第一行包含两个正整数N和M(2<=M<=N<=100 000)。接下来一行包含N个数,为待分割的序列。

输出格式:包括M行,第k行为分割后的第k个序列。

数列包含一批数据,显然需要采用批量数据组织方法。另外,本题的原始待分割序列和分割后的各个新序列,其数据的个数都是动态变化的,即原始序列越来越少,各个新序列越来越多。因此,可以采用STL中的vector容器来存放原始序列和各个新序列的数据。图5-8所示给出了相应的程序描述及解析。

```cpp
#include <iostream>
#include <cstdio>
#include <vector> // 包含STL库中预先构造好的vector容器说明
using namespace std;

vector <int> v[10000+2]; // 用int类型构造一个vector容器数组
int n, m, a;

int main()
{
    scanf( "%d %d", &n, &m );
    for( int i = 1; i <= n; i++ )
    {
        scanf( "%d", &a );
        v[ i%m + 1 ].push_back(a);    //在v[i%m+1]的末尾增加一个元素
    }
    for( int i = 1; i <= m; i++ )
    {
        if( !v[i].size() ) break; //判断容器v[i]中元素的数量,若为0,则退出
        printf( "%d", v[i][0] );    //输出容器v[i]中的第1个元素
        for( int j = 1; j < v[i].size(); j++ ) //依次输出容器v[i]中其他元素
            printf( " %d", v[i][j] );
        printf( "\n" );
    }
    return 0;
}
```

直接使用顺序迭代(即不为容器数组配置迭代器)

图5-8　数列分割程序描述及解析

【例5-2】　瑞瑞的木板(https://www.luogu.org/problemnew/show/P1334)

瑞瑞想要亲自修复自己牧场周围的围栏。经过测量,瑞瑞发现他需要N条木板,每条木板的长度为整数Li。于是,他购买了一条神奇的木板,其长度为所需的N条木板的长度总和,并决定将这条木板切割成所需的N条木板(注:瑞瑞在切割木板时不会产生木屑,不需要考虑切割时损耗的长度)。瑞瑞切割木板时使用一种特殊方式,这种方式在将一条长度为x的木板切为两条时,需要消耗x个单位的能量。尽管瑞瑞拥有无尽的能量,但现在提倡节约能量,所以作为榜样,他决定尽可能节约能量。显然,瑞瑞总共需要切割N-1次,问题是,

每次应该怎样切割才能消耗最少的能量呢?

输入格式:第 1 行为一个整数 N(1 <= N <= 20 000),表示所需木板的数量,第 2 到第 N +1 行,每行一个整数,表示一条木板的长度 Li(1 <= Li <= 50 000)。

输出格式:一个整数,表示最少需要消耗的能量总和。

为了得到 N 条木板,需要切割 N - 1 次,每次切割的消耗能量等于待切割木条的长度 (或切割完的两条木板的长度之和)。为了使得切割的总体消耗能量最少,显然应该使得切割序列的顺序按消耗能量由小到大排序。也就是说,本题的实质是不断从一个数据集中每次取出最小的两个数据元素相加(即相当于一次切割)并送回数据集,直到数据集为一个数据。整个操作的过程,相当于按每次切割消耗能量由小到大排序。

首先,N 个数据需要批量数据组织方法;其次,由于每次需要从当前数据集中选取最小的两个数据,因此,需要这种批量数据组织方法带有排序能力,即获取数据时总是能获得最值数据;再次,由于相加结果需要放回到当前数据集中,因此,需要这种批量数据组织方法允许放入操作。综合而言,STL 中的 priority_queue 容器(即优先队列容器)正好可以实现这样的操作。因为它是一个批量数据组织结构,支持放入操作(即入队),并且支持数据元素的优先级关系(即优先级高的数据元素先出队)。图 5-9 所示给出了相应的程序描述及解析。

```cpp
#include <iostream>
#include <queue>
#define ll long long
using namespace std;

int main()
{
    priority_queue<ll, vector<ll>, greater<ll>> q; // 定义一个优先队列q
    int n;
                   // 数据类型  容器  用于优先级比较的运算子

    cin >> n;
    for( int i = 1; i <= n; i++ )
    {
        int x;
        cin >> x;    // 所需木条的长度
        q.push(x);   // 木条长度放入优先队列q
    }
    ll MinEnergy = 0;
    while( q.size() > 1 )
    { // 没有合并到一条木板(即没有到达最初的一条神奇木板的状态)
        ll a = q.top(); q.pop(); // 从优先队列q中取出最小的数据(最短的木板长度)
        ll b = q.top(); q.pop(); // 从优先队列q中取出第二小的数据(第二短的木板长度)
        MinEnergy += a + b;
        q.push( a + b ); // 本次切割消耗能量放入优先队列
    }
    cout << MinEnergy;
    return 0;
}
```

图 5-9 瑞瑞的木板程序描述及解析

【例 5-3】 Andy's First Dictionary(UVA10815)

八岁的 Andy 有一个梦想,他想产生一个自己的字典。然而,对于他来说,这可不是一件容易的事,因为他所知道的单词数量太少。现在,Andy 有一个聪明的想法,他从书架上挑一本他最喜欢的故事书,把其中所有不同的单词都抄下来并按字母顺序排好,以此完成他的梦想! 当然,这是一个非常耗时的工作。你能不能帮助 Andy 实现他的梦想呢? (注:一个单词被定义为一个连续的字母序列,也可能存在只有一个字母的单词。而且,不区分大小写,即"Apple""apple"或"APPLE"这样的单词是相同的)

输入格式:若干行文本(不超过 5 000 行),每行最多 200 个字符。

输出格式:若干行,每行一个单词,所有单词按必须是小写字母,且按字典序排序。(所有不同单词的数量不超过 5 000)

本题需要解决的问题,首先是将输入的文本依次转换成一个个单词,或者说从输入的文本中提取出一个个单词;然后将这些单词按字典序输出。考虑到单词有重复,因此用于数据组织的方法必须有去重的能力。考虑去重和排序,STL 中的 set 容器为我们提供了绝佳的支持。我们只需要提取出单词,并将单词依次放到一个 set 容器里,然后再依次取出即可。图 5-10 所示给出了相应的程序描述及解析。

```cpp
#include <iostream>
#include <cctype>
#include <set>    // 包含STL中预先构造的set容器的说明
#include <string>
#include <sstream>
using namespace std;

int main ()
{
  set< string > dict;   // 用string构造一个set容器用以存放单词
  string s, buf;

  while( cin >> s )
  {
    for( int i = 0; i < s.size(); i++ )
    {
      if( isalpha( s[i] ))
          // 利用标准库预先构造好的积木块,判断当前字符符号是否为字母
        s[i] = tolower( s[i] );
          // 利用标准库预先构造好的积木块,将字母统一转化成小写
      else
        s[i] = ' ';
    }
    stringstream ss(s);   // 将大小写统一后的输入文本行放入一个字符串流
    while( ss >> buf )
      // 从字符串流中提取单词(借助字符串流机制的能力,从文本行提取一个单词)
      dict.insert( buf );   // 将单词插入到set中(set支持元素的唯一性/不重复)
  }
  set< string >::iterator it;   // 为set容器实例dict配置一个迭代器it
  for( it = dict.begin(); it != dict.end(); it++ )
      //通过迭代器访问容器,从set中输出单词(利用set的固有排序能力)
    cout << *it << endl;
  return 0;
}
```

图 5-10　Andy 的梦想程序描述及解析

【例 5-4】　排列(http://noi. openjudge. cn/ch0309/835/)

问题描述:给出正整数 n,则 1 到 n 这 n 个数可以构成 n! 种排列,这些排列可以按照从小到大的顺序(字典顺序)列出。例如:n = 3 时,排列为 1 2 3,1 3 2,2 1 3,2 3 1,3 1 2,3 2 1。

现在的任务是:对于 n,给出其某个排列,求出这个排列的下 k 个排列。如果遇到最后一个排列,则下 1 排列为第 1 个排列,即排列 1 2 3…n。例如:n=3,k=2,给出的排列为 2 3 1,则它的下 1 个排列为 3 1 2,下 2 个排列为 3 2 1。因此,答案为 3 2 1。

输入格式:第一行是一个正整数 m,表示测试数据的个数,下面是 m 组测试数据,每组测试数据第一行是 2 个正整数 n(1 <=n<1024)和 k(1 <=k<=64),第二行有 n 个正整数,是 1,2,…,n 的一个排列。

输出格式:对于每组输入数据,输出一行,n 个数,中间用空格隔开,表示输入排列的下 k 个排列。

对于本题,最直接自然的解决方法是,通过(递归)回溯法来实现(参见第 7.3.4 小节)。然而,C++ STL 中已经预先构造好了现成的程序"积木块"——next_permutation,可以直接生成下一个排列。next_permutation"积木块"将按字典顺序生成给定序列的下一个较大的排列,直到整个序列为降序为止。next_permutation"积木块"具有非常灵活且较好的执行效率,它被广泛地应用于为指定序列生成不同的排列。图 5-11 所示给出了相应的程序描述及解析。

```cpp
#include <bits/stdc++.h>
using namespace std;

int t, n, k, a[1100];

int main()
{
  cin >> t;  // 测试数据的组数
  while( t-- )  // 对每组数据处理
  {
    cin >> n >> k;  // 当前数据组的输入
    for( int i = 1; i <= n; i++ )  // 当前数据组指定的排列
      cin >> a[i];

    // 利用C++标准库中的新程序"积木块"求解指定排列的下k个排列
    for( int i = 1; i <= k; i++ )
      next_permutation( a+1, a+1+n );

    for( int i = 1; i < n; i++ )  // 输出指定排列的下k个排列
      cout << a[i] << " ";
    cout << a[n] << endl;
  }
  return 0;
}
```

```
输入样例:
3
3 1
2 3 1
3 1
3 2 1
10 2
1 2 3 4 5 6 7 8 9 10
输出样例:
3 1 2
1 2 3
1 2 3 4 5 6 7 9 8 10
```

图 5-11 排列问题求解的程序描述及解析

5.6 新程序"积木块"对程序设计的影响

5.6.1 类机制的元驱动力

程序设计方法的构建,从数据类型出发,经历以数据组织基础方法构建(即"2+3"游戏)和数据处理基础方法构建(即"5+2"游戏)的基础阶段,直到程序"积木块"函数机制构建的发展阶段(如图 5-12 所示)。在此,数据类型显然是整个思维链的起点。

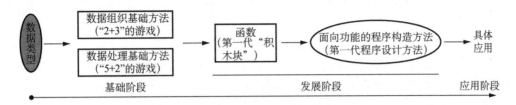

图 5-12 程序设计方法构建的思维轨迹

作为第一代程序设计方法的一种特殊应用,新程序"积木块"——类机制拓展了数据类型,从有限、封闭的基本数据类型拓展到无限、开放的抽象数据类型,从而为未来的任意处理对象的描述奠定了基础。由图 5-12 可知,类机制本质上又将思维链回归到其起点——数据类型,因此,类机制成为程序设计方法演化的元驱动力,推动程序设计方法的发展(如图 5-13 所示)。

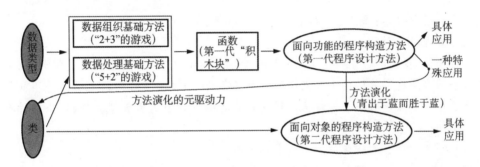

图 5-13 类机制的元驱动力

5.6.2 第二代程序设计方法的诞生

相对于以函数为程序"积木块"的第一代程序设计方法——({函数},{函数之间的关系}),以类为程序"积木块",建立了第二代程序设计方法——({类},{类之间的关系}),鉴于类机制的元驱动特性,第二代程序设计方法——面向对象方法,成为当今的主流程序设计方法。

第二代程序设计方法本身的构建,是第一代程序设计方法的一种特殊应用,这种应用又发展了第一代程序设计方法构建的思维本源,既增强了第一代程序设计方法(即使得第一代程序设计方法可以同时支持基本数据类型和抽象数据类型),更是开创了崭新的第二代程序设计方法,充分诠释了"青出于蓝而胜于蓝"的内涵(参见图 5-13)。因此,类机制蕴含了典型的计算思维属性。

本章小结

本章主要解析了新程序"积木块"——类机制的相关概念,并且给出了以类机制为基础的第二代程序设计方法及其与第一代程序设计方法的内在思维联系。同时,也给出了 STL

中相关常用模板类的具体应用方法。至此,较为完整地概述了程序设计基本方法的相关基础概念,为后面程序设计基本方法的具体应用建立了基础。

习　题

1. 序列倒置(http://www.codevs.cn/problem/3393/)

    问题描述:给定一个正整数序列,请将这个序列倒置后输出。

    输入格式:包括一行,即给定的正整数序列,正整数之间用空格隔开。

    输出格式:包括一行,即倒置后的序列。

    样例输入:

    1 3 5 2 4

    样例输出:

    4 2 5 3 1

    数据规模及提示:保证序列的长度小于10 000,每个数小于32 767。

2. 项目管理(hdu4858)

    题目描述:我们建造了一个大项目!这个项目有 n 个节点,用很多边连接起来,并且这个项目是连通的!两个节点间可能有多条边,不过一条边的两端必然是不同的节点。每个节点都有一个能量值。现在我们要编写一个项目管理软件,这个软件有两个操作:

    (1) 给某个项目的能量值加上一个特定值。

    (2) 询问跟一个项目相邻的项目的能量值之和。(如果有多条边就算多次,比如 a 和 b 有 2 条边,那么询问 a 的时候 b 的权值算 2 次)。

    输入格式:第一行一个整数 T(1 <= T <= 3),表示测试数据的个数。然后对于每个测试数据,第一行有两个整数 n(1 <= n <= 100 000)和 m(1 <= m <= n + 10),分别表示点数和边数。然后 m 行,每行两个数 a 和 b,表示 a 和 b 之间有一条边。然后一个整数 Q。然后 Q 行,每行第一个数 cmd 表示操作类型。如果 cmd 为 0,那么接下来两个数 u v 表示给项目 u 的能量值加上 v(0 <= v <= 100)。如果 cmd 为 1,那么接下来一个数 u 表示询问 u 相邻的项目的能量值之和。所有点从 1 到 n 标号。

    输出格式:对每个询问,输出一行表示答案。

    样例输入:

    1

    3 2

    1 2

    1 3

    6

    0 1 15

    0 3 4

    1 1

1 3

0 2 33

1 2

样例输出:

4

15

15

3. 海港(NOIP 2016/普及组)

问题描述:小 K 是一个海港的海关工作人员,每天都有许多船只到达海港,船上通常有很多来自不同国家的乘客。小 K 对这些到达海港的船只非常感兴趣,他按照时间记录下了到达海港的每一艘船只情况;对于第 i 艘到达的船,他记录了这艘船到达的时间 t_i(单位:秒),船上的乘客数量 k_i,以及每名乘客的国籍 $x(i,1)$,$x(i,2)$,…,$x(i,k)$。小 K 统计了 n 艘船的信息,希望你帮忙计算出以每一艘船到达时间为止的 24 小时(24 小时 = 86 400 秒)内所有乘船到达的乘客来自多少个不同的国家。形式化地讲,你需要计算 n 条信息。对于输出的第 i 条信息,你需要统计满足 $t_i - 86\,400 < t_p <= t_i$ 的船只 p,在所有的 $x(p,j)$ 中,总共有多少个不同的数。

输入格式:第一行输入一个正整数 n,表示小 K 统计了 n 艘船的信息。接下来 n 行,每行描述一艘船的信息:前两个整数 t_i 和 k_i 分别表示这艘船到达海港的时间和船上的乘客数量,接下来 k_i 个整数 $x(i,j)$ 表示船上乘客的国籍。保证输入的 t_i 是递增的,单位是秒;表示从小 K 第一次上班开始计时,这艘船在第 t_i 秒到达海港。保证 $1 <= n <= 10^5$,$k_i >= 1$,$\sum k_i <= 3 \times 10^5$,$1 <= x_i$, $j <= 10^5$,$1 <= t_i - 1 < t_i <= 10^9$。其中 $\sum k_i$ 表示所有的 k_i 的和,$\sum k_i = k_1 + k_2 + \cdots + k_n$。

输出格式:输出 n 行,第 i 行输出一个整数表示第 i 艘船到达后的统计信息。

样例输入:

4

1 4 1 2 2 3

3 2 2 3

86 401 2 3 4

86 402 1 5

样例输出:

3

3

3

4

数据规模:

对于 10% 的测试点,n = 1,$\sum k_i <= 10$,$1 <= x_i$, $j <= 10$,$1 <= t_i <= 10$;

对于 20% 的测试点,$1 <= n <= 10$,$\sum k_i <= 100$,$1 <= x_i$, $j <= 100$,$1 <= t_i <= 32\,767$;

对于 40% 的测试点,$1 <= n <= 100$,$\sum k_i <= 100$,$1 <= x_i$, $j <= 100$,$1 <= t_i <=$

86 400；

对于70%的测试点，1 <= n <= 1000，∑ki <= 3000，1 <= xi, j <= 1 000，1 <= ti <= 109；

对于100%的测试点，1 <= n <= 10^5，∑ki <= 3 × 10^5，1 <= xi, j <= 10^5，1 <= ti <= 10^9。

4. 质因数(http://noi.openjudge.cn/ch0309/3345/)

问题描述：我们定义一个正整数 a 比正整数 b 优先的含义是：*a 的质因数数目(不包括自身)比 b 的质因数数目多；* 当两者质因数数目相等时，数值较大者优先级高。

现在给定一个容器，初始元素数目为 0，之后每次往里面添加 10 个元素，每次添加之后，要求输出优先级最高与最低的元素，并把该两元素从容器中删除。

输入格式：第一行：num(添加元素次数，num <= 30)，下面 10 * num 行，每行一个正整数 n(n < 10 000 000)

输出格式：每次输入 10 个整数后，输出容器中优先级最高与最低的元素，两者用空格间隔。

样例输入：

1

10 7 66 4 5 30 91 100 8 9

样例输出：

66 5

5. 推销员(NOIP 2015/普及组)

问题描述：阿明是一名推销员，他奉命到螺丝街推销他们公司的产品。螺丝街是一条死胡同，出口与入口是同一个，街道的一侧是围墙，另一侧是住户。螺丝街一共有 N 家住户，第 i 家住户到入口的距离为 Si 米。由于同一栋房子里可以有多家住户，所以可能有多家住户与入口的距离相等。阿明会从入口进入，依次向螺丝街的 X 家住户推销产品，然后再原路走出去。阿明每走 1 米就会积累 1 点疲劳值，向第 i 家住户推销产品会积累 Ai 点疲劳值。阿明是工作狂，他想知道，对于不同的 X，在不走多余路的前提下，他最多可以积累多少点疲劳值。

输入格式：第一行有一个正整数 N，表示螺丝街住户的数量。

接下来的一行有 N 个正整数，其中第 i 个整数 Si 表示第 i 家住户到入口的距离。数据保证 S1 <= S2 <= … <= Sn < 10^8。接下来的一行有 N 个正整数，其中第 i 个整数 Ai 表示向第 i 户住户推销产品会积累的疲劳值。数据保证 Ai < 1 000。

输出格式：输出 N 行，每行一个正整数，第 i 行整数表示当 X = i 时，阿明最多积累的疲劳值。

样例输入：

5

1 2 3 4 5

1 2 3 4 5

样例输出:

15

19

22

24

25

数据说明:

对于 20% 的数据,1 <= N <= 20;

对于 40% 的数据,1 <= N <= 100;

对于 60% 的数据,1 <= N <= 1 000;

对于 100% 的数据 1 <= N <= 100 000。

6. 产生冠军(hdu2094)

问题描述:有一群人,打乒乓球比赛,两两捉对厮杀,每两个人之间最多打一场比赛。球赛的规则如下:如果 A 打败了 B,B 又打败了 C,而 A 与 C 之间没有进行过比赛,那么就认定,A 一定能打败 C。如果 A 打败了 B,B 又打败了 C,而且,C 又打败了 A,那么 A、B、C 三者都不可能成为冠军。根据这个规则,无须循环较量,或许就能确定冠军。你的任务就是面对一群比赛选手,在经过了若干场厮杀之后,确定是否已经实际上产生了冠军。

输入格式:输入含有一些选手群,每群选手都以一个整数 n(n < 1 000)开头,后跟 n 对选手的比赛结果,比赛结果以一对选手名字(中间隔一空格)表示,前者战胜后者。如果 n 为 0,则表示输入结束。

输出格式:对于每个选手群,若你判断出产生了冠军,则在一行中输出"Yes",否则在一行中输出"No"。

样例输入:

3

Alice Bob

Smith John

Alice Smith

5

a c

c d

d e

b e

a d

0

样例输出:

Yes

No

第 6 章 让"数据世界"变得有序

6.1 如何让数据有序化

数据有序化是程序设计的一个基本方法,它是许多数据处理方法的基础。为了让数据有序化,首先需要通过"2 + 3"的游戏组织好数据;然后针对组织好的数据,寻找一个基本的小方法;最后依据数据规模重复上述小方法多次即可。

常用的面向数据有序化的基本小方法,一般有两种:(1)求一个最值放到指定位置;(2)依据一个原则将数据分组。显然,数据组织结构形态的不同、基本小方法的不同以及两者相结合的方法不同,可以演化出各种各样的排序方法。

6.2 有序化方法的世界

6.2.1 常用有序化方法的基本图谱

程序设计中,常用的有序化方法一般有选择排序、冒泡排序、插入排序、希尔排序、堆排序、快速排序、归并排序(2 路或多路)、计数排序、桶排序和基数排序、二叉排序树等。依据数据组织结构形态和基本小方法的不同,这些方法的基本图谱如图 6-1 所示。

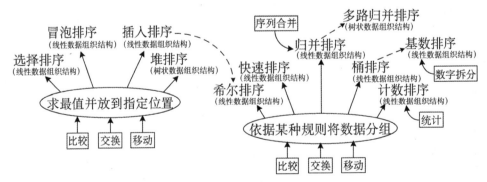

图 6-1 常用有序化方法的基本图谱

6.2.2　基于求最值并放到指定位置基本小方法的排序方法

1) 采用线性数据组织结构

（1）选择排序

对于 n 个数据,首先通过数组 a[n] 将其组织起来。然后,采用求最值小方法(参见例 3-14),从中求一个最小值并将其放到 a[0] 位置(对于由小到大排序)或者从中求一个最大值并将其放到 a[0] 位置(对于由大到小排序)。图 6-2 所示给出了相应的解析及 C++语言描述。

```
int MinData, j;

MinData = a[0]; // 假设当前数据集规模的第一个数据最小
MinPos = 0; // 同步记录最小数据所在的位置
for( j = 1; j < n; j++ ) // 逐个遍历当前数据集其他的数据
    if( a[j] < MinData ) // 发现更小的数据
    {
        MinData = a[j]; // 更新当前最小数据
        MinPos = j; // 同步更新新最小数据所在的位置
    }
if( MinPos != 0 ) // 遍历完整个数据集找到的最小数据不是第一个
{ // 将找到的最小数据交换到当前数据集的第一个位置
    int temp = a[0];
    a[0] = a[MinPos];
    a[MinPos] = temp;
}
```

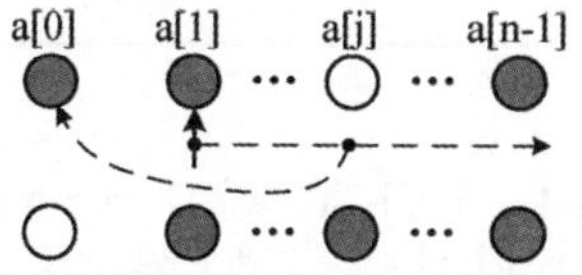

图 6-2　在 n 个数据中求最小值并放到第一个位置(查找或选择方法)

最后,将图 6-2 所示的小方法重复 $n-1$ 次,即可得到完整的选择排序算法,如图 6-3 所示。需要注意的是,每次重复小方法时,数据集的规模是不断减小的,因此,每次选择出来的最值,其存放的指定位置应该是当前数据集的第一个位置(参见图 6-3 中的①)。另外,再将求出的最值放置到当前数据集第一个位置时,用到了另一个小方法——"两数交换"(参见例 3-10 及图 6-3 中的②)。

（2）冒泡排序

对于 a[n] 中的数据,改变求最值的小方法,具体是:从最后一个数据向前,两两进行比较,将小的数据(对于由小到大排序)或大的数据(对于由大到小排序)不断向前推动(即冒泡),直到将最小的数据或最大的数据推动到最前面原 a[0] 所在的位置(即冒出一个最值泡泡)。图 6-4 所示给出了相应的解析及 C++语言描述。

然后,将图 6-4 所示的小方法重复 $n-1$ 次,即可得到完整的冒泡排序算法,如图 6-5 所示。与选择排序一样,每次重复小方法时,数据集的规模是不断减小的,因此,每次选择的最值,其存放的指定位置应该是当前数据集的第一个位置(参见图 6-5 中的①)。另外,在冒泡过程中,同样用到了"两数交换"小方法(参见例 3-10 及图 6-5 中的②)。

相对于选择排序,冒泡排序算法仅仅是改变了基本小方法而已。

```
void selectsort( int a[], int n )
{ //n为数据集规模
    int MinData, MinPos, i, j;

    for( i = 0; i < n-1; i++ ) //当前数据集规模不断缩小（i为当前数据集第一个位置）
    {
        MinData = a[i];  ① //假设当前数据集规模的第一个数据最小
        MinPos = i; //同步记录最小数据所在的位置
        for( j = i+1; j < n; j++ ) //逐个遍历当前数据集其他的数据
            if( a[j] < MinData ) //发现更小的数据
            {
                MinData = a[j]; //更新当前最小数据
                MinPos = j; //同步更新最小数据所在的位置
            }
        if( MinPos != i )  ① //遍历完整个数据集找到的最小数据不是第一个
        { //将找到的最小数据交换到当前数据集的第一个位置
            int temp = a[i];  ①
            a[i] = a[MinPos];    ②
            a[MinPos] = temp;
        }
    }
}
```

已排序　当前数据集（未排序）

基本小方法
（参见图6-2）

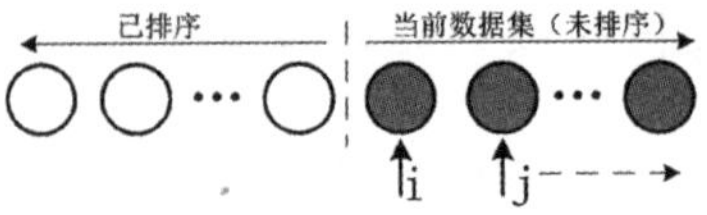

图 6-3　选择排序算法

```
int j;

for( j = n-1; j > 0; j-- ) //从最后一个数据向前遍历当前数据集（第一个数据除外）
    if( a[j] < a[j-1] ) // 相邻两个数据比较
    { //将小的数据通过交换向前推动（即冒泡）
        int temp = a[j];
        a[j] = a[j-1];
        a[j-1] = temp;
    }
```

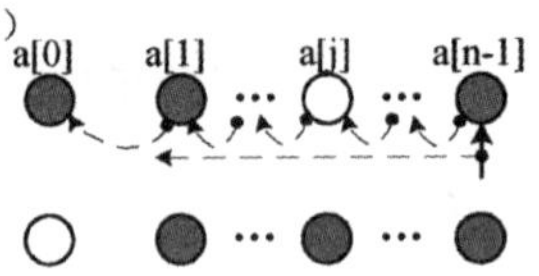

a[0]　a[1]　a[j]　a[n-1]

图 6-4　在 _n_ 个数据中求最小值并放到第一个位置（冒泡方法）

```
void bubblesort( int a[], int n )
{ //n为数据集规模
    int i, j;

    for( i = 0; i < n-1; i++ ) //当前数据集规模不断缩小（i为当前数据集第一个位置）
    {
        for( j = n-1; j > i; j-- )  ① //从最后一个数据向前遍历当前数据集（第一个数据除外）
            if( a[j] < a[j-1] ) // 相邻两个数据比较
            { //将小的数据通过交换向前推动（即冒泡）
                int temp = a[j];
                a[j] = a[j-1];    ②
                a[j-1] = temp;
            }
    }
}
```

已排序　当前数据集（未排序）

基本小方法
（参见图6-4）

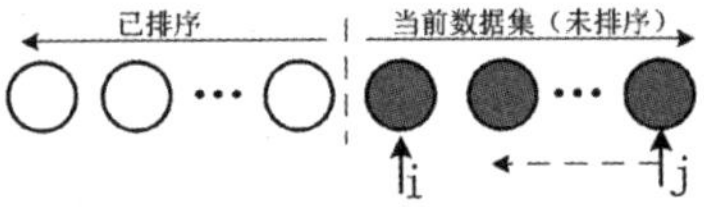

图 6-5　冒泡排序算法

（3）插入排序

选择排序和冒泡排序对最值最终存放的位置不做太多的要求,总是放在当前数据集的最前面;而对最值的具体产生给予了不同的方法。反过来,如果对于最值的产生方法不做太多的要求,总是按自然顺序随便拿取,显然,此时对最值最终存放的位置就必须做出要求,即应该将最值存放到其最终应该所在的位置。图 6-6 所示给出了相应的解析及 C++ 语言描述。

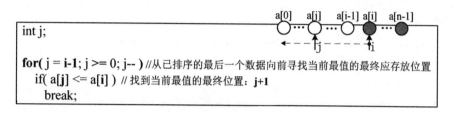

```
int j;

for( j = i-1; j >= 0; j-- ) //从已排序的最后一个数据向前寻找当前最值的最终应存放位置
    if( a[j] <= a[i] ) // 找到当前最值的最终位置：j+1
        break;
```

图 6-6   确定最值的最终存放位置

由图 6-6 可见,最值的最终存放位置,必然涉及该位置及后面位置上所有数据的移动问题,以便为最值腾出一个位置。为此,可以将确定最值最终存放位置的过程与数据移动操作同时进行。图 6-7 所示给出了相应的解析及 C++ 语言描述。

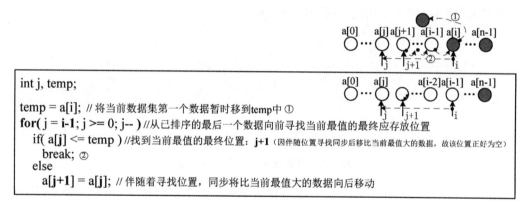

```
int j, temp;

temp = a[i]; // 将当前数据集第一个数据暂时移到temp中 ①
for( j = i-1; j >= 0; j-- ) //从已排序的最后一个数据向前寻找当前最值的最终应存放位置
    if( a[j] <= temp ) //找到当前最值的最终位置：j+1 (因伴随位置寻找同步后移比当前最值大的数据，故该位置正好为空)
        break; ②
    else
        a[j+1] = a[j]; // 伴随着寻找位置，同步将比当前最值大的数据向后移动
```

图 6-7   合并最值最终存放位置寻找操作与数据移动操作

将图 6-7 所示的小方法重复 n - 1 次,即可得到完整的插入排序算法,如图 6-8 所示。与选择排序、冒泡排序不同,插入排序关注的重心是已经排序好的数据集,该数据集越来越大,直到覆盖全部数据。另外,尽管都是重复 n - 1 次基本小方法,但对于当前数据集规模的控制不同,选择排序和冒泡排序从 0 ~ n - 2（最后一个不再需要排序,直接用）,而插入排序从 1 ~ n - 1（第一个不再需要排序,直接用。参见图 6-8 中的①）。可见,插入排序的思维出发点正好与选择排序、冒泡排序的思维相反。

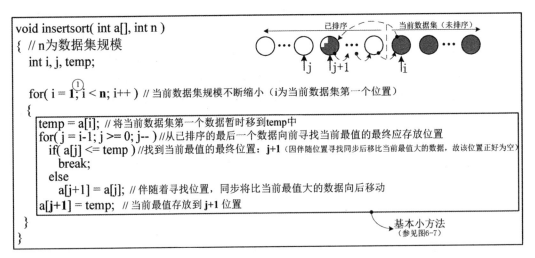

图6-8　插入排序算法

2）采用树状(层次型)数据组织结构思维

（1）堆排序

所谓堆,是指一个二叉树状层次型数据组织结构,并且满足如下条件:其中任意一个三角形的顶角数据都必须小于其左右两个底角的数据(对于小根堆)或大于其左右两个底角的数据(对于大根堆)。图6-9所示是两个堆的示例。

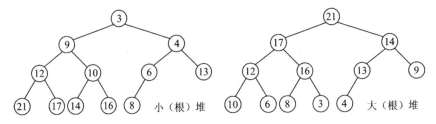

图6-9　堆数据组织结构示例

对于a[n]中的数据,首先从逻辑上将其看作是树状层次数据组织结构,如图6-10所示。然后,设计一个求最值并将其放置到树根位置的小方法。最后,重复该小方法和两数交换小方法多次即可得到堆排序算法。

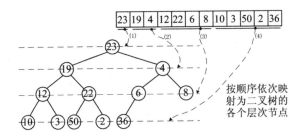

图6-10　线性结构到层次结构的一种视图映射

求最值并放置到树根位置的小方法也是通过重复另一个基本小方法(暂时称为 X 方法)多次而实现。具体是:首先,对于一个三角形结构(即最基本的二叉树形态),使得其根节上的数据比其左右子女结点上的数据都小(小根堆)或根结点上的数据比其左右子女结点上的数据都大(大根堆)。该方法通过 if 语句即可实现(如图6-11 所示)。然后,重复该基本小方法 K 次,即可完成将最值放置到树根位置(如图6-12 所示)。其中,重复次数 K 依据二叉树结构相关性质确定(参见"数据结构"相关知识),K = (N - 2)/2,其中 N 是数据集规模。然而,尽管该方法可以将最值放置到树根位置,但最终的树状结构并不是一个堆! 原因在于每次使用 X 方法时,可能会引起其下一层及以下各层堆结构特征的破坏(参见图6-12 的最后一步)。为此,需要对其进行修补。修补的方法是,每次使用 X 方法时,一旦出现调整的情况,则必须沿着调整路线继续调整,直到最底层小三角形为止。该修补方法本质上也是重复使用 X 方法而已(如图6-13 所示。堆排序算法中,该方法称为堆调整方法)。经过修补,可以得到完善后的求最值并放置到树根位置的方法。堆排序算法中,将求最值并将其放置到树根位置的小方法称为(初始)建堆,如图6-14 所示。

有了堆调整方法 heapadjust、初始建堆方法 initheap,再加上一个两数交换方法 swap,就可以利用这三个小积木来搭建堆排序算法。具体而言,首先构建一个初始堆;其次,将堆顶(即树根)的数据与当前数据集最后一个数据交换;再次,将当前数据集最后一个数据排除在外(即缩小数据集规模),并对缩小后的新数据集进行堆调整;最后,不断重复上述堆顶数据交换和缩小数据集并调整堆两个操作,直到当前数据集规模为 1 即可。图6-15 所示给出了堆排序算法的 C++ 语言描述。

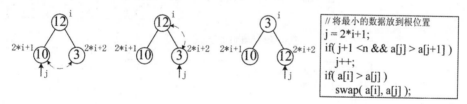

图 6-11　堆构建的基础方法(X 方法)

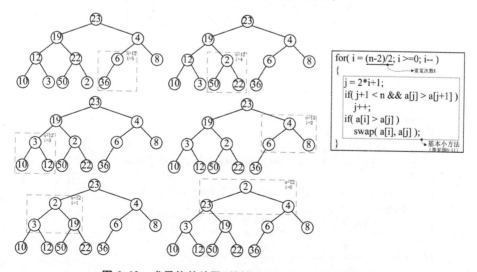

图 6-12　求最值并放置到树根位置的小方法(不完善)

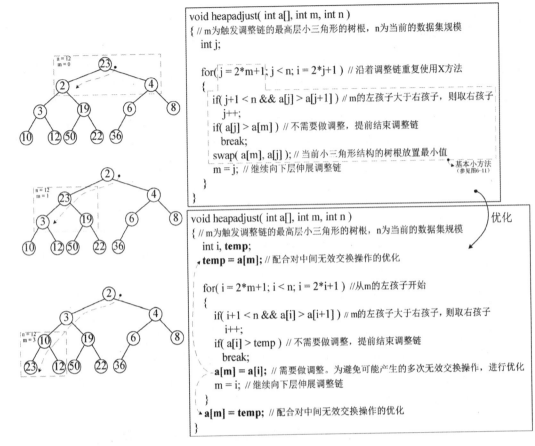

图 6-13 堆调整方法

```
void initheap( int a[], int n )
{ //n为数据集规模
    int i;
    for( i = (n-2)/2; i >= 0; i-- )
        heapadjust(a, i, n);
    //将X方法升级为堆调整方法，使求最值！ （参考图6-13）
}
```

图 6-14 求最值并放置到树根位置的小方法（完善/初始建堆）

```
void heapsort( int a[], int n )
{ //n为数据集的规模
    int i;

    initheap( a, n );  //构建初始堆
    for( i = n; i > 1; i-- ) //不断缩小数据集规模，重复使用小积木swap和heapadjust
    {
        swap( a, 0, i-1 );  //将堆顶数据交换到当前数据集的最后位置
        heapadjust( a, 0, i-2);
        //将当前数据集最后一个数据排除在外并对缩小后的新数据集进行堆调整
    }
}
```

图 6-15 堆排序算法

由上述分析可见,堆排序在不同层次两次使用了重复某个基本小方法的设计思想。另外,堆排序也用到了"两数交换"小方法。

6.2.3　基于数据分组基本小方法的排序方法

1）采用线性数据组织结构

（1）桶排序

依据某种分组原则,将等待排序的数据分成多个组（即多个桶）。对于每个组,可以重复使用该方法。例如:对于一个班级学生成绩的排序,首先可以依据分组原则"（分数/100）＊10"分为 10 个桶;然后,对于每个桶,依据分组原则"（分数/10）"分为 10 个桶。最后,按顺序将每个桶中的数据收集起来即可完成排序。图 6-16 给出了相应的解析。

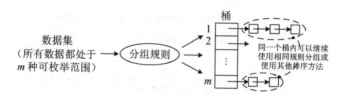

图 6-16　桶排序算法原理

显然,分组的原则不是唯一的,需要结合给定的待排序数据集的特点来决定,这是桶排序的关键。并且,分组的原则也决定了桶的个数。因此,桶排序适合对符合下列特征的数据集进行排序:所有参与排序的数据应该处于一个范围不太大的可枚举范围。

另外,对于分组后每个小组,不一定非要重复使用桶排序方法,可以采用 6.2.2 小节中的任意一种排序方法。

（2）计数排序

计数排序的分组原则是统计某个数据之前（即小于该数据,对应于由小到大排序）或之后（即大于该数据,对应于由大到小排序）有多少个数据,相当于将每种数据分为一个组。具体来说,对于 n 个待排序的数据 a[n],需要配套一个记录分组信息的数据组织结构 help[k],其中,k＝最大数－最小数＋1。然后,通过统计每种数据有多少个并推算出该种数据最终的位置即可。图 6-17 给出了相应的解析及 C++语言描述。

计数排序也可以看成是桶排序的简化,简化之处在于:（1）分组原则总是一致的;（2）桶的个数总是确定的。并且,一次分组即可完成排序工作。另外,计数排序算法中,使用了另外一个小方法:累加。

2）采用树状（层次型）数据组织结构思维

（1）两路归并排序

两路归并排序的分组原则比较简单,就是对给定的数据序列平分。具体而言,对于 a[n]中的数据,依据中点位置分为两组。然后,对于每个分组重复使用该方法,直到分组仅包含一个数据（即已排好序）。最后,逐步两两归并已排好序的子序列,直到归并为一个序列即可。图 6-18 给出了相应的解析及 C++语言描述。整个归并过程具备二叉树状层次数据组织结构形态。

```
void countsort( int a[], int n )
{
    vector<int> b, c; //b为输出数组，c为缓存数组（用于辅助计算每个数据的最终位置）
    int max = FindMax( a );
    c.resize( max+1 ); //c从下标0开始，故0…max 共max+1个元素
    b.resize( a.size() ); //输出数组与输入数组大小相同
    for(int i = 0; i < a.size(); i++ )
        ++c[a[i]];      // 分别统计每种数据的个数（即分组）
    for( int i = 1; i < c.size(); i++ )
        c[i] += c[i - 1]; // 计算每种数据的起点位置
    for( int i = a.size()-1; i >= 0; i-- )
        b[c[a[i]]-- -1] = a[i]; // 将数据逐个放置到其最终位置
    for( int i = 0; i <= a.size()-1; i++ )
        a[i] = b[i]; // 将排序结果复制到原数组 a 中
}
```

图 6-17   计数排序

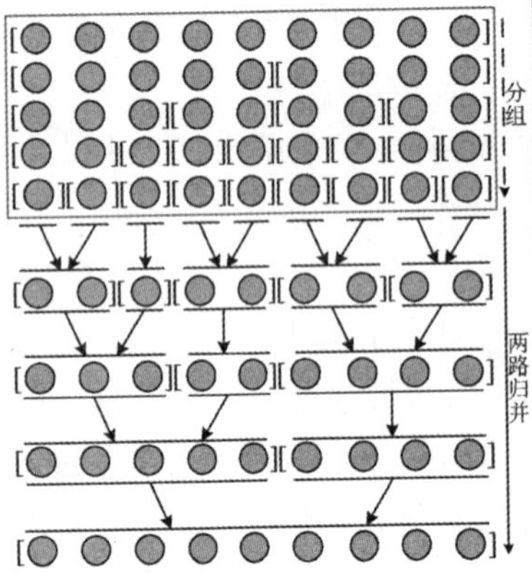

```
void mergesort( vector<int>& nums, int start, int end )
{ // 递归方式实现
    if( start < end )
    {
        int mid = ( start + end ) >> 1; // 计算中点（以便将序列分组为两个部分）
        mergesort( nums, start, mid ); // 对左半序列进行归并排序
        mergesort( nums, mid+1, end ); // 对右半序列进行归并排序
        merge( nums, start, mid, mid+1, end ); //合并两个有序序列
    }
}
```

```
void mergesort( vector< int >& nums, int start, int end )
{ // 非递归（或迭代）方式实现
    int n = nums.size();
    if ( start < end )
    {
        for( int step = 2; step/2 < n; step *= 2 )
        { //step为两个需要归并的分组的大小之和（即两个分组的数据个数之和）
          // 其中，前step/2个数据为左分组（或子区间），后step/2个数据为右分组
            for( int i = 0; i < n; i += step )
            { // i 为当前需要归并的两个分组的第一个分组的左位置指示
                int mid = i + step/2 - 1;
                // mid 为当前需要归并的两个分组的第一个分组的右位置指示
                if( mid+1 < n ) // 当前需要归并的两个分组的第二个分组不为空
                    merge( nums, i, mid, mid+1, min( i+step-1, n-1 ));
                // mid+1 为当前需要归并的两个分组的第二个分组的左位置指示
                // min( i+step-1, n-1 ) 为当前需要归并的两个分组的第二个分组的右位置指示
                // (n-1是考虑待排序数据个数为奇数时的情况)
            }
        }
    }
}
```

图 6-18   两路归并排序算法的原理

由图 6-18 可知,归并排序主要针对有序序列进行(或者说,它不断地将一个序列分为两个子序列并对子序列排序,然后通过归并已排序的两个子序列完成排序)。对于两个分组的合并,采用了另一个小方法:有序序列合并(参见例 3-16)。

（2）快速排序

针对 a[n]中的数据,首先指定一个数据(例如:a[0])作为分组的标准,将其他数据分为两组,一组小于该数据,另一组大于该数据。如图 6-19(a)所示。然后,对于每个分组继续重复使用该小方法,直到所有数据已经序列化或分组的数据个数为 1 或 0(即已排序)。图 6-20 给出了快速排序算法的 C++语言描述,整个排序过程具备二叉树状层次数据组织结构形态。

显然,快速排序中,分组操作是关键。为了提高分组操作的效率,在此也运用了与插入排序类似的思想,在数据大小比较的同时即实现数据的移动。图 6-19(b)所示给出了分组操作的解析及 C++语言描述。

对于分组参考标准数据的选择,不一定总是 a[0],可以是其中任意一个数据。并且,通过随机指定或三数值取中(即在第一、中间和最后三个数据中取一个中等大小的数据),可以防止原始数据集局部有序化带来的性能退化(即整个排序过程退化为线性数据组织结构形态)。

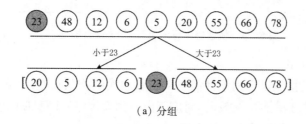

（a）分组

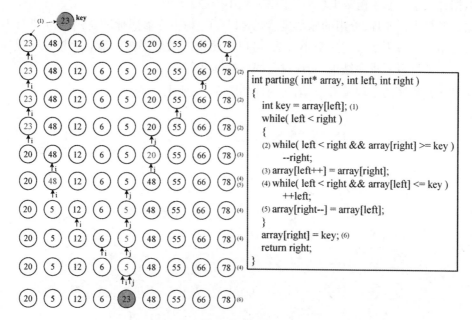

（b）分组过程的具体实现

图 6-19　分组小方法

```
void quicksort( int* array, int left, int right )
{ //非递归方式实现
  stack<int> s;
  s.push( left );
  s.push( right );
  while( !s.empty )
  {
    int right = s.top();  s.pop();
    int left = s.top();  s.pop();

    int index = parting( array, left, right );
    if(( index - 1 ) > left ) //左子序列
    {
      s.push( left );
      s.push( index – 1 );
    }
    if(( index ) + 1) < right ) //右子序列
    {
      s.push( index + 1 );
      s.push( right );
    }
  }
}
```

```
void quicksort( int* array, int left, int right )
{ //递归方式实现
  if(left >= right)
    return;

  int index = parting( array, left, right ); //分组
  quicksort( array, left, index-1 );
  quicksort( array, index+1, right );
}
```

图 6-20 快速排序算法及其 C++语言描述

（3）二叉排序树排序

所谓二叉排序树是指满足下列条件的二叉树状层次结构数据组织：每棵子树的根数据大于其左子树数据并小于其右子树数据（对应于由小到大排序）或每棵子树的根数据小于其左子树数据并大于其右子树数据（对应于由大到小排序）。

依据二叉排序树原理，分组的原则显然就是以（子）树根为参照标准，将数据分成比其小和比其大两组。通过不断重复这个小方法，可以构建出二叉排序树。最后对该二叉排序树进行中序遍历即可得到排序结果，实现对数据集的排序。

二叉排序树排序的原理及 C++语言描述如图 6-21 所示。

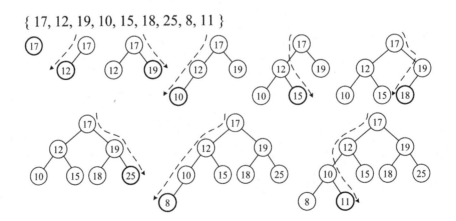

```
typedef int DataType;
typedef struct BST_Node {
    DataType data;
    struct BST_Node *lchild, *rchild;
} BST_T, *BST_P;

BST_P Search_BST( BST_P root, DataType key )
{
    BST_P p = root;
    while ( p )
    {
        if ( p->data == key )
            return p;
        p = ( key < p->data ) ? p->lchild : p->rchild;
    }
    return NULL;
}

void MidOrderTraverse( BST_P T )
{
    if ( T )
    {
        MidOrderTraverse( T->lchild );
        cout << T->data << " ";
        MidOrderTraverse( T->rchild );
    }
}
```

```
void Insert_BST( BST_P *root, DataType data )
{
    BST_P p = ( BST_P )malloc( sizeof( struct BST_Node ));
    if ( !p ) return;
    p->data = data;  p->lchild = p->rchild = NULL;

    if ( *root == NULL )
    { *root = p;  return; }

    if ( Search_BST( root, data ) != NULL ) return;

    BST_P tnode = NULL, troot = *root;
    while ( troot )
    {
        tnode = troot;
        troot = ( data < troot->data ) ? troot->lchild : troot->rchild;    分组小方法
    }
    if ( data < tnode->data )
        tnode->lchild = p;
    else
        tnode->rchild = p;
}

void CreateBST( BST_P *T, int a[], int n )
{
    for ( int i = 0; i < n; i++ )
        Insert_BST( T, a[i] );
}
```

图 6-21 二叉排序树排序算法的原理

6.2.4 排序方法的维度拓展

1）希尔排序

对于数据 a[n]，首先依据一个步长，将数据分为多个组；然后，每个组采用插入排序；最后，合并每个组的工作。由此，构建一个小方法。图 6-22 所示给出了该小方法的解析及 C++语言描述。

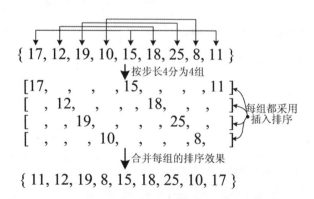

图 6-22 希尔排序算法的小方法

通过逐步缩小步长，不断重复使用图 6-22 所示的小方法，直到所有数据已经排序完或步长为 1。图 6-23 给出了希尔排序算法的解析及 C++语言描述。

由上述分析可知，小方法的构建，本质上相当于插入排序的多维度拓展（即每个小组都使用插入排序）。希尔排序的思维关键在于,将分组、步长缩小、各个分组的插入排序三个操作融合在一起,增加了思维的难度（参见图6-23中的解析）。

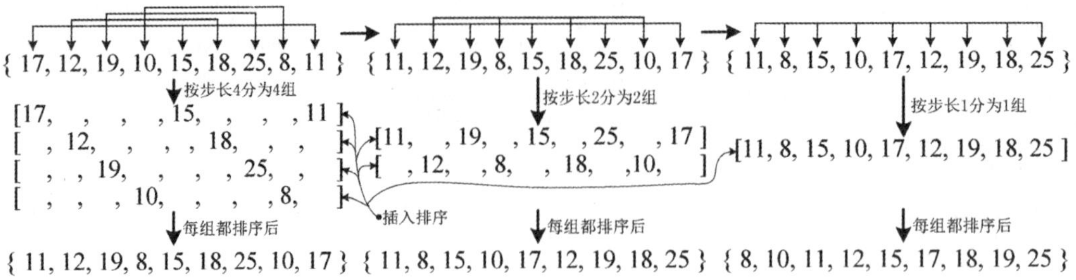

{ 17, 12, 19, 10, 15, 18, 25, 8, 11 }　　{ 11, 12, 19, 8, 15, 18, 25, 10, 17 }　　{ 11, 8, 15, 10, 17, 12, 19, 18, 25 }

按步长4分为4组　　　　　　按步长2分为2组　　　　　　按步长1分为1组

[17, 　, 　, 15, 　, 　, 11]　　[11, 　, 19, 　, 15, 　, 25, 　, 17]　　[11, 8, 15, 10, 17, 12, 19, 18, 25]
[　, 12, 　, 　, 18, 　, 　]　　[　, 12, 　, 8, 　, 18, 　, 10, 　]
[　, 　, 19, 　, 　, 25, 　]
[　, 　, 　, 10, 　, 　, 8,]

每组都排序后　　　　插入排序　　每组都排序后　　　　每组都排序后

{ 11, 12, 19, 8, 15, 18, 25, 10, 17 }　　{ 11, 8, 15, 10, 17, 12, 19, 18, 25 }　　{ 8, 10, 11, 12, 15, 17, 18, 19, 25 }

```cpp
#include <vector>
#include <iostream>

template < typename T >
class ShellSort
{
    unsigned len;
    vector<T> list;
  public:
    ShellSort( vector<T> _list, unsigned _len )
    {
      for ( unsigned i = 0; i < _len; ++i )
        list.push_back( _list[i] );
      this->len = _len;
    }
    void shellSort()
    {
      int insertNum;
      unsigned gap = len / 2;  // 初始分组步长
      while( gap )  // 分组步长 >= 1
      {
        for ( unsigned i = gap; i < len; ++i )
        {
          insertNum = list[i];
          unsigned j = i;
          while ( j >= gap && insertNum < list[ j - gap ] )
          {
            list[j] = list[ j - gap ];
            j -= gap;
          }
          list[j] = insertNum;
        }
        gap /= 2;  // 分组步长降一半
      }
    }
};
```

由i和gap的综合同步处理每个分组。一方面,i的初值gap,相当于同步跳过每个分组的第一个数据,使每个分组都从其第2个数据开始做插入；另一方面,通过gap遍历一个分组已排序的数据序列,以便确定最终插入位置。同时伴随i的增长,相当于依次处理每个分组的当前数据的插入。从而完成对多个分组的同步插入排序。

插入排序

寻找最终插入位置。j, j-gap, j-gap-gap,... 为当前分组

图6-23　希尔排序算法的原理

2）多路归并排序

多路归并排序主要用于对外部存储器大容量数据的序列化操作,在实际应用中具有重要价值。其基本思想与两路归并排序的思想类似,即首先将整体数据集分为多个子序列并对每个子序列进行序列化操作;然后,通过归并已经排序好的多个子序列完成整个排序工作。每个子序列的排序可以重复使用该方法。

相对于两路归并,多路归并的关键在于如何构建一个高效的归并操作。为此,一般采用基于树状层次结构的败者树实现归并操作(有关败者树的概念,参见"数据结构"相关知识)。图 6-24 所示给出了相应的解析。

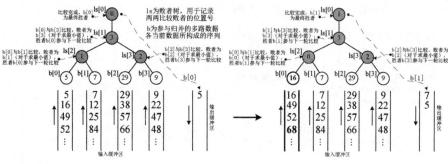

```
#include<fstream>
#include<iostream>

#define MAX_INT 0x7fffffff  // 预设最大整数
#define MIN_INT -1  // 预设最小整数

const int kMaxSize = 100;  // 参与归并的每路数据缓冲区的最大容量
const int kMaxWay = 10;  // 参与归并的最大有序序列路数

int buffer[kMaxSize];  // 存放一路有序序列数据的缓冲区
int num_of_runs;  // 参与归并的有序序列路数

struct Run  // 参与归并的每路有序序列的数据组织结构形态
{
    int *buffer;  // 存储数据的缓冲区
    int length;  // 缓冲区内数据个数
    int idx;  // 缓冲区当前所读数据下标（即当前参与归并的数据/败者树叶节点数据）
};

int ls[kMaxWay];  // 败者树。ls[0]为最后胜者所在的参与归并的序列号,其余为各阶段败者所在的参与归并
的序列号
Run *runs[kMaxWay];  // 参与归并的所有序列

void Adjust( Run **runs, int n, int s )
{   // 调整败者树/一次归并过程。runs为参与归并的所有序列,n为序列个数,s为引起调整的某个序列号
    int t = ( s + n ) / 2;  // 根据s计算出对应的败者树节点号（即ls的某个下标）
    int tmp;

    while ( t != 0 )
    {
        if ( s == -1 )  // 编号为s的数据序列已经完成归并,不会引起调整
            break;
        if ( ls[t] == -1 || runs[s]->buffer[runs[s]->idx] > runs[ls[t]]->buffer[runs[ls[t]]->idx] )
        {   // 某个序列当前数据（位置s）更新后在归并时成为败者
            tmp = s;  s = ls[t];  ls[t] = tmp;  // 更新败者树节点的记录（即此次比较败者数据的位置s）
        }
```

```
        t /= 2;  // 调整引起连锁，由下而上（由树叶到树根）连锁进行
    }
    ls[0] = s;  // 连锁调整时，最后树根调整后得到本次归并最终胜者的位置号s
}
void CreateLoserTree( Run **runs, int n )
{
    for ( int i = 0; i < n; i++ )
        ls[i] = -1;
    for ( int i = n - 1; i >= 0; i-- )  // 构建初始的败者树（即第一次多路归并）
        Adjust( runs, n, i );
}
void  MergeSort( Run** runs, int num_of_runs, const char* file_out )
{
    // 按照Run形的数据组织结构，构造各个参与归并的有序序列

    CreateLoserTree( runs, num_of_runs );  // 第一次多路归并

    ofstream out( file_out );
    int length_per_run = kMaxSize / num_of_runs;
    int live_runs = num_of_runs;
    while ( live_runs > 0 )
    {
        out << runs[ ls[0]]->buffer[runs[ls[0]]->idx++ ] << endl;  // 输出本次的胜者
        if ( runs[ls[0]]->idx == runs[ls[0]]->length )  // 如果本次胜者对应的缓冲区数据用完，则补充
        {
            int j = 0;
            while ( in[ls[0]] >> runs[ls[0]]->buffer[j] )
            {
                j++;
                if ( j == length_per_run )
                    break;
            }
            runs[ls[0]]->length = j;
            runs[ls[0]]->idx = 0;
        }
        if ( runs[ls[0]]->length == 0 )
        {// 如果本次胜者对应的缓冲区没有数据补充（即参与归并的该路数据序列全部完成）
            runs[ls[0]]->buffer[runs[ls[0]]->idx] = MAX_INT;
            live_runs--;  // 归并路数缩减
        }
        Adjust( runs, num_of_runs, ls[0] );  // 数据补充完成后，重新调整败者树（即进行新一轮多路归并）
    }
}
```

ls[0]为本轮多路归并最终胜者所在的序列号，该序列补充新数据后引起败者树调整

图6-24　败者树归并原理

由图6-24可知，树叶层的归并就是两路归并，整个多路归并可以看作是两路归并的多维度拓展（即多个两路归并）。多路归并排序的思维关键在于，将线性数据组织结构拓展到树状层次数据组织结构，这本身也是一种维度拓展。相对线性数据组织结构，树状层次数据组织结构本身具有的思维难度，再叠加上败者树归并思想，两者融合在一起，增加了思维的难度。

3）基数排序

基数排序面向多关键字排序，其中，每个关键字的排序采用桶排序，因此，整个排序相当于是桶排序方法的一种多维拓展。图6-25所示给出了基数排序方法的解析。

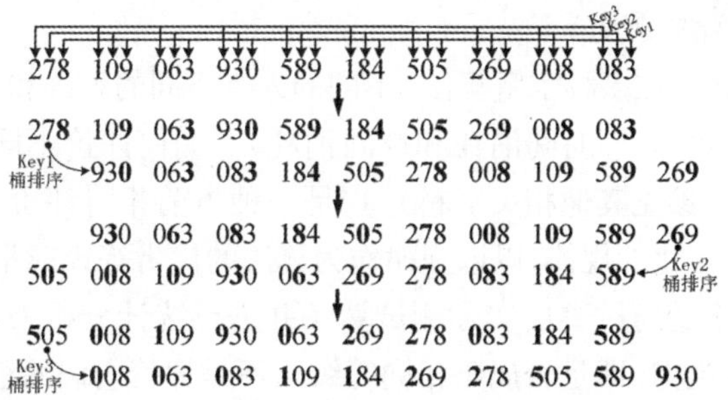

```
                                                    Key3
                                                   Key2
                                                  Key1
    278   109   063   930   589   184   505   269   008   083

    278   109   063   930   589   184   505   269   008   083
Key1
桶排序→930   063   083   184   505   278   008   109   589   269

    930   063   083   184   505   278   008   109   589   269
    505   008   109   930   063   269   278   083   184   589
                                                          Key2
                                                          桶排序

    505   008   109   930   063   269   278   083   184   589
Key3
桶排序→008   063   083   109   184   269   278   505   589   930
```

```
int maxbit( int data[], int n )
{
  int d = 1;
  int max = data[0];
  for ( int i = 1; i < n; i++ )
    if (data[i] > max)
      max = data[i];
  int radix = 10;        →求最值
  while (max >= radix)
  {
    d++; radix *= 10;
  }
  return d;
}
```

```
void radixsort( int data[], int n )
{ //将一个整数的每一位看作是一个关键字，一个整数相当于是多个关键字，
  //因此，该排序为多关键字排序，从个位到高位逐位（关键字）多次桶排序
  int d = maxbit( data, n );   //求data中最大数的位数，以决定需要重复多少次桶排序
  int *count = new int[10];   //整数每一位的取值范畴共10种，构造10个相应的桶
  int *tmp = new int[n];      //临时存放某一次桶排序的结果
  int radix = 1;  //基数设为10⁰，即先对整数的个位进行桶排序
  for ( int i = 0; i < d; i++ )  //依据位数（关键字个数），重复d次桶排序
  {
    for ( int j = 0; j < 10; j++ )  //所有桶清空
      count[j] = 0;
    for ( int j = 0; j < n; j++ )  //依据当前关键字数位（radix），将数据逐个分配到相应的桶中
    {
      int k = (data[j] / radix) % 10;
      count[k]++;
    }
    for ( int j = 1; j < 10; j++ )  //确定每个桶在本次排序最终结果序列中的起始位置
      count[j] = count[j - 1] + count[j];
    for ( int j = n - 1; j >= 0; j-- )  //依据count[]中的信息，生成本次桶排序的结果序列
    {
      int k = (data[j] / radix) % 10;
      tmp[count[k] - 1] = data[j];
      count[k]--;
    }
    for ( int j = 0; j < n; j++ )  //将本次桶排序结果由临时数组复制到data数组，完成本次桶排序
      data[j] = tmp[j];
    radix *= 10;  //基数扩大，准备下一个数位（关键字）的桶排序          ←桶排序
  }
  delete []count;
  delete []tmp;
}
```

图 6-25　基数排序的原理

6.2.5　常用有序化方法的高级问题

1）稳定排序与非稳定排序

所谓稳定排序，是指相同两个数据在排序前后的相对位置保持一致。反之，则称为非稳定排序。各种常用有序化方法的稳定性质如表 6-1 所示。

2）时间复杂度和空间复杂度

对于同一个问题,往往存在多种求解算法(不同的人有不同的思维和认识问题的角度),不同的算法带来不同的执行效率(即时间消耗和空间消耗)。如何评价不同算法的优劣?目前,一般采用计算复杂性理论(参见其他相关资料),它是一种事前相对评价方法,所谓事前,是指给出一种算法随数据规模变化的规律,以该规律作为算法的优劣等级或量级(称为渐近计算复杂度,简称计算复杂度),不是通过事后实际测试算法并进行统计分析来评价;所谓相对,是指评价多个算法之间的相对优劣(即是否属于相同等级),不是评价它们的绝对优劣(即绝对的数值大小)。对于函数 $f(n)$ 和 $g(n)$,如果存在一个常数 c,使得 $\lim\limits_{n \to \infty} \dfrac{f(n)}{g(n)} = c$,则称 $f(n)$ 和 $g(n)$ 是相同等级的函数。计算复杂度分为时间复杂度和空间复杂度,时间复杂度通常以计算所需的步数或指令条数来衡量,空间复杂度通常以计算所需的存储单元数量来衡量。

一般而言,对于数据规模 n,其变化规律可以看作是 n 的函数 $f(n)$,如果一个算法执行时间的变化规律与 $f(n)$ 的变化规律相同,则算法的渐近时间复杂度 $T(n) = O(f(n))$,O 是优劣等级或量级的表示符号。目前,常用的 $f(n)$ 一般有 1、$\log_2 n$、n、n^c(c 为常量)、c^n(c 为常量) 和 $n!$ 几种,相应地,时间复杂度量级为 $O(1)$(称为常数级)、$O(\log_2 n)$(称为对数级)、$O(n)$(称为线性级)、$O(n^c)$(称为多项式级)、$O(c^n)$(称为指数级) 和 $O(n!)$(称为阶乘级),其中 $O(\ )$ 称为大"O"标记。复杂度关系为 $O(1) < O(\log_2^n) < O(n) < O(n^c) < O(c^n) < O(n!)$。

对于一个算法,通常要分析其最坏情况下的计算复杂度、最好情况下的计算复杂度和平均情况下的计算复杂度。另外,对于比较复杂的算法,可以将它分隔成容易估算的几个部分,然后再利用大"O"标记的求和原则得到整个算法的计算复杂度。例如:如果一个算法的两个部分的计算复杂度分别为 $T_1(n) = O(f(n))$ 和 $T_2(n) = O(g(n))$,则其总的计算复杂度为 $T(n) = T_1(n) + T_2(n) = O(max(f(n), g(n)))$。

表 6-1 所示给出了常用序列化算法的时间复杂度和空间复杂度。

表 6-1　常用序列化算法的时间复杂度和空间复杂度

排序方法	时间复杂度	空间复杂度	稳定性	适用情况
选择	$O(n^2)$	$O(1)$	不稳定	n 小
冒泡	$O(n^2)$	$O(1)$	稳定	n 小;初始序列基本有序
插入	$O(n^2)$	$O(1)$	稳定	n 小;初始序列基本有序
堆	$O(n\log_2 n)$	$O(1)$	不稳定	n 大;只求前几位
快速	$O(n\log_2 n)$	$O(n\log_2 n)$	不稳定	初始序列无序
希尔	$O(n^{1.3})$	$O(1)$	不稳定	—
两路归并	$O(n\log_2 n)$	$O(n)$	稳定	n 很大
桶	$O(N + N * \log_2 N - N * \log_2 M)$	$O(N + M)$	稳定	n 个数据的取值种类少,分布均匀
计数	$O(n + k)$	$O(n + k)$	稳定	n 个数据的取值种类少
基数	$O[d(n + rd)]$	$O(rd + n)$	稳定	n 大;关键字值小 (r:每个关键字可以取不同值的个数,d:关键字的个数)

3）普适性与局限性

在此,普适性是指排序算法对参与排序的数据集特征没有特别的要求;局限性是指排序算法对参与排序的数据集特征有相应的要求。上述常用序列化方法中,基于求最值并放到指定位置基本小方法的排序方法基本上都是属于普适性方法,基于数据分组基本小方法的排序方法中,桶排序、基数排序等一般属于局限性方法。

4) C++ STL 中的标准排序积木块

C++ STL 中预先包装了多种排序方法积木块(如表 6-2 所示),这些排序方法都支持泛型应用且具有较好的执行效率和灵活性,程序设计人员可以直接使用它们。

表 6-2　C++ STL 中的排序方法

函数名	执行效率	功能描述	备注
partion	高	使符合某个条件的元素放在前面	仅分组,并没有排序
stable_partition		相对稳定的使符合某个条件的元素放在前面	仅分组,并没有排序
nth_element		找出给定区间某个位置对应元素	—
is_sorted		判断一个区间是否已经排好序	—
partial_sort		对给定区间所有元素进行部分排序	堆排序
partial_sort_copy		对给定区间复制并排序	堆排序
sort		对给定区间所有元素进行排序	快速排序及改进
stable_sort	低	对给定区间所有元素进行稳定排序	归并排序

一般而言,如果需要对 vector、string、deque 或 array 容器进行全排序,可以选择 sort 或 stable_sort;如果只需要对 vector、string、deque 或 array 容器中取前面几个最值元素,则部分排序 partial_sort 是首选;如果对于 vector、string、deque 或 array 容器,需要找到第 n 个位置的元素,或者需要得到前面几个元素且不关心这几个元素的内部顺序,nth_element 最理想;如果需要从标准序列容器或者 array 中把满足某个条件或者不满足某个条件的元素分组,则最好使用 partition 或 stable_partition;如果使用的是 list 容器,可以直接使用 partition 和 stable_partition 算法,即可以使用 list::sort 代替 sort 和 stable_sort 排序。

另外,如果需要按照某种特定方式进行排序时,则需要给 sort 函数指定一个用以比较的仿函数,以配合其工作。否则,会自动提供一个默认比较仿函数(即 less)。常用的比较仿函数如表 6-3 所示。具体使用时,不能直接写仿函数的名字,而是要写其重载的(　　)函数,例如:less < int >(　　);并且,当容器中数据的类型是标准类型(即内置类型 int、float、char 或类类型 string)时,可以直接使用这些仿函数模板。但如果数据的类型是自己定义的类型或者需要按照其他方式排序,除了自己写一个比较仿函数,还可以重载所定义类型的小于" < "操作运算。

表 6-3　sort 中的常用比较函数

仿函数名	作用	仿函数名	作用
equal_to	相等	greater	大于
not_equal_to	不相等	less_equal	小于等于
less	小于	greater_equal	大于等于

【例 6-1】　对全班 1 000 名同学,按总分由高到低排序

本题是全排序,可以通过 sort 实现。如图 6-26 所示。

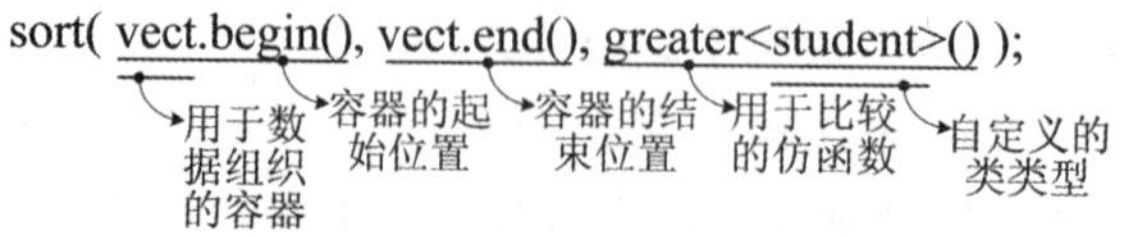

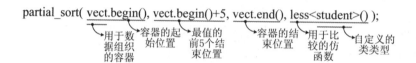

图 6-26　C++ STL sort 的使用

【例 6-2】　从全班 1 000 名同学中获得总分最低的 5 名同学

本题是局部排序,可以通过 partial_sort 实现。如图 6-27 所示。

partial_sort(vect.begin(), vect.begin()+5, vect.end(), less<student>());

图 6-27　C++ STL partial_sort 的使用

【例 6-3】　从全班 1 000 名同学中获得总分排在倒数第 4 名的学生

本题是局部排序的一种延伸,相当于获得第 4 个最值。可以通过 nth_element 实现。如图 6-28 所示。

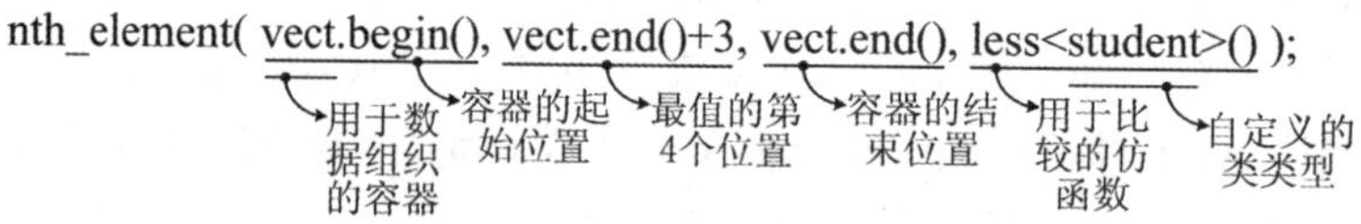

nth_element(vect.begin(), vect.end()+3, vect.end(), less<student>());

图 6-28　C++ STL nth_element 的使用

【例 6-4】　从全班 1 000 个同学中获得所有没有及格(即总分低于 60)的学生

本题仅仅是获取总分不及格的所有学生,并不要求对这些学生按总分进行排序,可以通过 stable_partition 实现。如图 6-29 所示。

图 6-29　C++ STL stable_partition 的使用

5) 序列化方法的进一步认识

数据序列化是数据处理的基本方法,是大部分数据处理算法的辅助方法。它可以看作是进入算法世界的一个入门桥梁,或者是从程序设计基础方法("2 + 3"游戏、"5 + 2"游戏、"积木块"及其搭建)进入程序设计应用方法(处理各种问题的相关数据组织结构模型及其相应算法、算法的实际应用)的一个桥梁。因为,序列化使得数据关系具备逻辑性,便于对其进一步处理。因此,数据序列化方法的学习难度并不大。

针对数据序列化方法的理解,应该从它们之间的相互关系出发(参见图 6-1),围绕采用的数据组织结构的变化与提升、处理效率的提升及维度拓展几个角度,理解其改变是由什么问题导致或驱动的,或者说,原来的方法存在什么固有问题。并且,深入分析方法拓展后的时间性能和空间性能。

序列化方法的进化,主要还是围绕如何提高其执行效率而进行,以便适应大规模数据的处理。一方面,依据常用数据组织结构形态各自固有的性质,尽量考虑采用(或转化为)树状层次组织结构,并且尽量使得树状层次组织结构比较平衡。另一方面,对于重复使用的小方法设计、小方法的重用方式,应该尽量简单并有较好的执行效率。事实上,分组的目的就是减少数据集的规模,以此提高算法的执行效率。

仔细分析序列化算法图谱,有的方法总是将某个数据元素朝着其最终应该所在的位置不断靠拢,从而,可以减少小方法的重用次数以提高执行效率。但是,有的方法则不关心这点。

6.3　实战应用

【例 6-5】 奖学金(NOIP2007)

问题描述:某小学最近得到了一笔赞助,打算拿出其中一部分为学习成绩优秀的前 5 名学生发奖学金。期末,每个学生都有 3 门课的成绩:语文、数学、英语。先按总分从高到低排序,如果两个同学总分相同,再按语文成绩从高到低排序,如果两个同学总分和语文成绩都相同,那么规定学号小的同学排在前面。这样,每个学生的排序是唯一确定的。现在的任务是,先根据输入的 3 门课的成绩计算总分,然后按上述规则排序,最后按排名顺序输出前 5 名学生的学号和总分。注意:在前 5 名同学中,每个人的奖学金都不相同,因此,你必须严格按上述规则排序。

输入格式:输入包含 n+1 行,第 1 行为一个正整数 n(6 <= n <= 300),表示该校参加评选的学生人数。第 2 至第 n+1 行,每行有用空格隔开的 3 个整数,每个整数都在 0 到 100 之间。其中,第 j 行的 3 个数据依次表示学号为 j−1 的学生的语文、数学、英语的成绩。每个学生的学号按照输入顺序编号为 1~n(恰好是输入数据的行号减 1)。所给的数据都是正确的,不必检验。

输出格式:输出共有 5 行,每行是用空格隔开的两个正整数,依次表示前 5 名学生的学号和总分。

本题的基本工作就是排序,依据给定的数据规模,n <= 300,因此,可以采用普通的排序方法即可。另外,排序的规则涉及多个项目的比较,并且这些规则按顺序展开。因此,可以通过 if 语句的嵌套,按照规则的顺序逐步展开即可。

为了记录每个学生的信息,采用一个结构体数据组织结构,并且堆叠这个结构构成一个结构体数组,用于记录所有学生的信息。另外,对于两个学生信息的交换工作,构造了一个函数,以便多次重用。

图6-30所示给出了相应的程序描述及解析。

```
#include <cstdio>
using namespace std;
#define N 300

struct node { //存储一个学生的信息（学号、语文/数学/英语
成绩、总分）
    int id;
    int ch;                    输入样例1:  输入样例2:
    int ma;                    6          8
    int en;                    90 67 80   80 89 89
    int score;                 87 66 91   88 98 78
} stu[N], stu_t;               78 89 91   90 67 80
                               88 99 77   87 66 91
void swap( int i, int j )      67 89 64   78 89 91
{                              78 89 98   88 99 77
    stu_t = stu[i];            输出样例1:  67 89 64
    stu[i] = stu[j];           6 265      78 89 98
    stu[j] = stu_t;            4 264      输出样例2:
}                              3 258      8 265
                               2 244      2 264
int main()                     1 237      6 264
{                                         1 258
    int n;                                5 258
    int i, j, ch, ma, en;

    scanf( "%d", &n );   //输入总人数
    for( i = 1; i <= n; i++ )
    { //输入每个学生的信息
      scanf( "%d%d%d", &ch, &ma, &en);
      stu[i].id = i;
      stu[i].ch = ch;
      stu[i].ma = ma;
      stu[i].en = en;
      stu[i].score = ch + ma + en;
    }
    for( i = 1; i < n; i++ )  //采用选择排序并按规则排序
      for( j = i+1; j <= n; j++ )
        if( stu[i].score < stu[j].score )
          swap( i, j );
        else if( stu[i].score == stu[j].score )
             if( stu[i].ch < stu[j].ch )
               swap( i, j );
             else if( stu[i].ch == stu[j].ch )
                  if( stu[i].id > stu[j].id )
                    swap( i, j );
    for( i = 1; i <= 5; i++ )
      printf( "%d %d\n", stu[i].id, stu[i].score );
    return 0;
}
```

图6-30 奖学金问题的求解

【例6-6】 分数线划定（NOIP2009）

问题描述:世博会志愿者的选拔工作正在A市如火如荼地进行。为了选拔最合适的人才,A市对所有报名的选手进行了笔试,笔试分数达到面试分数线的选手方可进入面试。面

试分数线根据计划录取人数的 150% 划定,即如果计划录取 m 名志愿者,则面试分数线为排名第 m*150%(向下取整)名的选手的分数,而最终进入面试的选手为笔试成绩不低于面试分数线的所有选手。现在就请你编写程序划定面试分数线,并输出所有进入面试的选手的报名号和笔试成绩。

输入格式:第一行,用一个空格隔开的两个整数 n, m(5 <= n <= 5 000, 3 <= m <= n),其中 n 表示报名参加笔试的选手总数,m 表示计划录取的志愿者人数。输入数据保证 m*150% 向下取整后小于等于 n。第二行至第 n+1 行,每行包括用一个空格隔开的两个整数,分别是选手的报名号 k(1 000 <= k <= 9 999)和该选手的笔试成绩 s(1 <= s <= 100)。数据保证选手的报名号各不相同。

输出格式:第一行,用一个空格隔开的两个整数,第一个整数表示面试分数线;第二个整数为进入面试的选手的实际人数。从第二行开始,每行包含用一个空格隔开的两个整数,分别表示进入面试的选手的报名号和笔试成绩,按照笔试成绩从高到低输出,如果成绩相同,则按报名号由小到大的顺序输出。

本题可以先将所有选手按笔试成绩由高到低排序,成绩相同时按报名号由小到大排序。在此,可以自己采用某种排序方法实现,也可以利用标准库中预先构造好的排序"积木块"实现排序。由于 STL 库中预构的排序"积木块"是由小到大排序的,因此,需要自己给出一个比较运算算子作为标准排序"积木块"的第三个参数传入,以便取代其默认的比较运算。然后,按照 150% 的比例确定面试分数线,并且处理面试分数线重分的情况。由于所有选手已经按照笔试成绩排序,因此对于重分的处理比较简单,即从分数线所在的选手开始向后逐个查看每个选手的笔试成绩,直到发现第一个笔试成绩小于面试分数线的选手即可。图 6-31 所示给出了相应的程序描述及解析。

```
#include <bits/stdc++.h>
using namespace std;
#define maxn 5000

struct Node {
    int x, y;
} a[maxn]; // 存放所有选手的报名号和笔试成绩
int n, m;

bool cmp( Node p, Node q )
{ // 定义两个选手比较的规则
    if( p.y > q.y ) return true;
    if( p.y < q.y ) return false;
    return p.x<q.x; // 面试分数相同, 则看报名号
}

int main()
{
    int i, j, k;
    scanf( "%d%d", &n, &m );
    for( i = 1; i <= n; i++ ) // 输入n个选手的报名号和笔试成绩
        scanf( "%d%d", &a[i].x, &a[i].y );
    sort( a+1, a+n+1, cmp ); // 调用STL库中预先构造好的排序"积木块"
```

输入样例:
6 3
1000 90
3239 88
2390 95
7231 84
1005 95
1001 88

输出样例:
88 5
1005 95
2390 95
1000 90
1001 88
3239 88

样例说明:
m*150%=3*150%=4.5,向下取整后为4。保证4个人进入面试的分数线为88,但因为88有重分,所以所有成绩大于等于88的选手都可以进入面试,故最终有5个人进入面试

```
k = m*3/2, j = a[k].y; //j为面试分数线
printf( "%d ", j ); //按输出格式要求，输出面试分数线
for( i = k+1; i <= n; i++ ) //检查正好到达面试分数线的重分现象
  if( a[i].y < j ) //未达到面试分数线的第一个选手
  {
    printf( "%d\n", i-1 ); //输出可以参加面试的总人数
    break;
  }
if( i > n ) printf( "%d\n", n ); //所有选手都可以参加面试

for( i = 1; i <= n; i++ ) //输出参加面试的人员信息（报考号，笔试成绩）
  if( a[i].y >= j ) printf( "%d %d\n", a[i].x, a[i].y );
  else break;
return 0;
}
```

图 6-31 分数线划定问题的求解

本章小结

本章主要解析了程序设计中的常用排序方法，为后续其他数据处理方法的展开建立基本认知基础。

习　题

1. 选择排序为什么重复小方法 $n-1$ 次，而不是 n 次？
2. 选择排序重复小方法时，总是放在 $a[0]$ 位置吗？
3. 将冒泡排序改为向后冒泡。
4. 用递归方法实现选择排序和冒泡排序。
5. 插入排序中，找位置和移动数据同步进行与分开串行进行有何区别？
6. 归并排序是否可以看作是排序的排序？
7. 归并排序为何总是可以用序列合并？
8. 用非递归方法实现快速排序方法。
9. 快速排序中，数据元素总是靠拢其最终位置。还有哪些排序方法也使得元素总是向其最终位置靠拢？
10. 对于多路归并方法，直接使用两两序列合并模式和使用败者树方法，两者有何区别？
11. 计数排序为什么采用倒循环放置每个源数据？
12. 希尔排序如何实现提前结束？即步长没有降到 1 时就已经完成排序。
13. 败者树的实现思想与堆排序的实现思想有什么相同与不同？
14. 快速排序还有左右指针法、前后指针法，并且也可以对链表结构进行排序。请上网搜索相关资料，并上机实现这些方法。

15. 根据计算复杂度理论,n^2+n+1 与 n^2 是否属于相同量级?为什么?

16. 学生成绩。

   问题描述:给出若干条学生信息记录,包括学号,姓名,语文,数学,英语,物理,化学几个字段,要求:(1)计算每个学生的总分;(2)根据总分进行从大到小排序,如果总分相同,按照语文成绩从大到小排序;(3)统计一门学科不及格的人数。

   输入格式:输入文件 students.in 包含 $n*3+1$ 行,第一行是整数 $n(n<=1\,000)$,表示是 n 个学生;接下来每组 3 行数据:学号,学生姓名,5 个学科的成绩。

   输出格式:输出文件 students.out 的第一行是统计的有不及格学科的人数,接下来输出总分前 20 名的学生信息,每行信息包括学号,姓名,5 个学科的成绩,总分。如果不满 20 人,按照实际人数输出。

   输入输出样例:

   students.in

   5

   10001

   stu1

   84 66 53 62 69

   10002

   stu2

   90 67 59 82 58

   10003

   stu3

   99 63 69 88 87

   10004

   stu4

   83 77 91 69 64

   10005

   stu5

   85 98 90 65 68

   students.out

   2

   10003 stu3 99 63 69 88 87 406

   10005 stu5 85 98 90 65 68 406

   10004 stu4 83 77 91 69 64 384

   10002 stu2 90 67 59 82 58 356

   10001 stu1 84 66 53 62 69 334

17. 归并。

   问题描述:从键盘上输入两个文件名,读入两个文本文件,文件的格式为:第一行是一个整数 n,第二行有 n 个整数,整数范围在 1~1 000 之间,数与数之间有一个空格隔开。

编写程序,完成如下的操作:第一步:将两个文件中的数合在一起;第二步:将合并好的数从小到大排序;第三步:若相同的数只保留一个;第四步:将所有数相加,输出结果。

输入格式:输入文件的第一行一个整数 n,第二行有 n 个整数(1 < n < 10 000)

输出格式:输出文件只有一行,就一个整数。

输入样例:

Merge1. in

4

12 4 4 9

Merge2. in

2

13 12

Merge. out

38

样例说明:

第一步合并为:12 4 4 9 13 12

第二步排序结果为:13 12 12 9 4 4

第三步得到:13 12 9 4

第四步输出:38

18. 聪明的老虎

问题描述:森林里有 N 个小老虎在一起做游戏。它们有一个约定,要求每只老虎在自己的硬纸板上写一个数,然后同时举起来。然后由驯虎师提一个问题,看哪个小老虎聪明,最先抢答出来。问题是:在这 N 个数中,第 K 大的是哪个数?请你编程完成。

输入格式:输入文件的第一行为 2 个整数,依次为 N 和 K,N,K <= 10 000。

下面 N 行,每行为一个整数,表示从第 1 只老虎到第 N 只老虎分别写的数。假设这些小老虎只知道 -32 768 ~ 32 767 之间的数。

输出格式:输出文件只有一行,就一个数,为第 K 大的那个数。

输入样例:

4 2

1

2

3

4

输出样例:

3

19. 取木块

问题描述:有一个农场,存放着许多长度数量不一的木块。现在根据需要建造一个木桥,要用到大量的长度相同的木块。工人们在农场里根据需要木块的数量,通过切割找到长度相同的最长木块。

输入格式:第一行,有 n 堆长度不同木块和需要的木块的个数 wk(n < 1 000, wk < 1 000 000)

接下来第二行是 n 堆每堆的木块长度,第三行是 n 堆每堆的木块数量。每行数据之间有一个空格隔开。

输出格式:得到根据需要的木块的数量,切割得到的最大长度。

输入输出样例:

Wood. in

4 30

15 18 22 16

7 8 13 6

Wood. out

15

20. 设 A 和 B 是两个长为 n 的有序数组,现在需要将 A 和 B 合并成一个排好序的数组,任何以元素比较作为基本运算的归并算法在最坏情况下至少要做(   )次比较。

A) n^2 B) nlogn   C) 2n   D) 2n – 1

第 **7** 章　寻找心仪的"她"

认识"她"

　　每个人心中都有一个心仪的"她",寻找心仪的"她"是一个非常令人激动的过程。程序设计中,绝大部分问题的处理也都是在寻寻觅觅,期望找到问题的理想处理结果——"她"。因此,作为数据处理的一项基本功能,查找(也可统称为搜索。严格来说,查找主要是寻找一个明确的对象,而搜索主要寻找满足要求的一条轨迹、一种方案及其某种度量)方法的有效实现,在程序设计中十分重要,相对于排序方法,它具有更加宽广的应用范畴。

　　程序设计中,"她"的表现主要有两种形态:满足要求的某个具体对象和具体对象的个数。具体对象就是数据、轨迹或方案等,"某个"是指一个明确的数据、轨迹或方案等,"个数"是指数据的个数、轨迹的个数或方案的个数等,"个数"是"某个"的一种重复及统计总数。通常,"某个"一般都是解决问题的可行方案(即满足约束条件)中的最优/次优值、最优/次优轨迹、最优/次优方案或其某种度量值(即求其最值),称为问题的最优解/较优解;"个数"称为问题的全部解。"某个"的求解有时基于"个数"而实现。图 7-1 所示给出了"她"的直观表示。

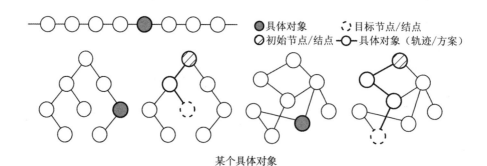

某个具体对象

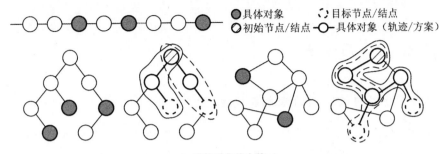

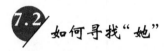

具体对象的个数

图 7-1　心仪的"她"

7.2　如何寻找"她"

　　基于计算思维的基本原理,与排序方法的实现思想类似,查找或搜索方法的基本实现思想也是首先设计一个小方法,通过该小方法将用于搜索的原始数据集分为两个(或多个)部分,减少搜索的范围。然后,针对缩小后的数据集,重复使用相同的小方法,直到找到指定的对象;或者,查找或搜索完整个数据集(即找到所有的指定对象或没有找到指定的对象)。从本质上看,这种实现思想就是穷举,即利用计算机不知疲倦的特征,把各种可能都寻找或搜索出来,然后进行统计或比较,最后找到满足具体要求的对象或对象的个数(即满足要求的所有对象)。

　　实际应用中,考虑到方法执行的时间效率和空间效率及其蕴含的实际应用价值,对基于穷举思想的查找或搜索方法都会做一些优化处理。

　　依据数据组织方法、数据处理方法以及两者相结合方法的不同,可以构建出各种不同的查找或搜索的方法。常用基本查找或搜索方法的基本图谱如图 7-2 所示。

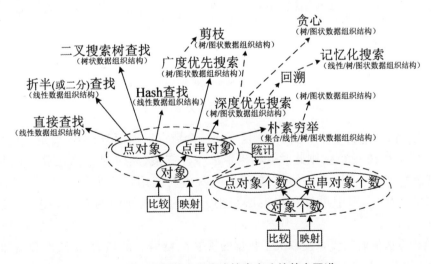

图 7-2　常用基本查找或搜索方法的基本图谱

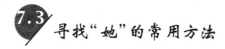

寻找"她"的常用方法

7.3.1 面向线性数据组织结构的基本查找方法

1) 朴素查找(或直接查找)

针对 a[n]中的数据,可以通过逐个比较,查找某个指定的数据 x 是否存在。图7-3a 所示给出了相应解析及 C++语言描述。

```cpp
// 在a[n]中查找指定的数据x
int Find( int a[], int n, int x )
{
    int pos = -1; // 假设不存在指定数据x

    for( int i = 0; i < n; i++ )
    {
        if( a[i] == x ) // 找到指定数据x
        {
            pos = i+1; // 记录指定数据x在a[n]中的位置
            break; // 找到后停止查找过程
        }
    }
    return pos; // -1表示没有查到, 1~n表示查到及其具体位置
}
```

(a) 查找一个解

```cpp
// 在a[n]中查找所有指定的数据x
int Find( int a[], int n, int x, int ret[] )
{
    int index = -1; // 假设不存在指定数据x

    for( int i = 0; i < n; i++ )
    {
        if( a[i] == x ) // 找到指定数据x
            ret[++index] = i+1; // 记录指定数据x在a[n]中的位置
    }
    return index+1; // -1表示没有查到, 1~n表示查到有几个, 其具体位置由数组ret带回
}
```

① 此处找到一个x后, 没有停止查找过程, 对剩下的数据集继续进行查找

(b) 查找所有解

图7-3 朴素查找方法

这种方法仅仅是给出了小方法,对于仅查找一个数据对象而言,不需要重复使用该方法。如果 a[n]中存在多个 x,则此时就相当于求一种方案,此时对于除已找出的数据对象以外的剩余数据集(即缩小后的数据集),可以重复使用该小方法。当然,考虑到方法的工作效率,实际应用中可以将小方法与小方法的重复使用两者合并进行(参见图7-3b 所示)。

显然,这种方法的时间复杂度取决于数据的规模 n,随着 n 的增大,比较次数增加,其平均时间复杂度为 $O(n)$。

2）折半（或二分）查找

针对 a[n]中的数据，如果它已经有序，则可以采用折半查找方法。折半查找方法的原理是，首先计算中点位置 mid = (left + right)/2，然后，比较中点位置上的数据是否是要查找的数据 x，如果是，查找工作完成；如果不是，依据待查找数据 x 与中点位置上的数据的大小关系，可以将数据集 a[n]分为两个部分，使得供查找的数据集缩小一半的范围。最后，对于缩小后的数据集，采用同样的方法，直到找到指定数据 x 或搜索完数据集（即未找到）。图 7-4 所示给出了相应解析及 C++ 语言描述。

```cpp
// 在a[n]中查找指定的数据x
int Find( int a[], int n, int x )
{
    int pos = -1; // 假设不存在指定数据x
    int left = 0, right = n-1; // 当前数据集左右边界位置

    while( left <= right ) // 当前数据集没有处理完
    {
        int mid = ( left + right ) / 2; // 计算中点位置mid
        if( x == a[mid] ) // 找到指定数据x
        {
            pos = mid+1; // 记录指定数据x在a[n]中的位置
            break; // 找到后停止查找过程
        }
        else
            if( x < a[mid] ) // 缩小当前数据集规模
                right = mid-1; // 指定数据x可能在当前数据集左半部分
            else
                left = mid+1; // 指定数据x可能在当前数据集右半部分
    }
    return pos; // -1表示没有查到，1~n表示查到及其具体位置
}
```

图 7-4　折半查找方法

显然，取中点位置并与该位置上的数据比较（及分组），构成折半排序的小方法。缩小后的数据集仅仅是重复使用该小方法。

折半查找的时间复杂度为 $O(\log_2 N)$。相对于朴素查找，具有较好的时间效率。

7.3.2　面向层次型/网状型数据组织结构的基本搜索方法

1）二叉排序树搜索

对于 n 个数据，首先将其构建为一棵二叉排序树（参见第 6.2.3 小节的相关解析）；然后，对于要查找的指定数据 x，先与树根数据比较，相等则找到；否则，依据 x 与树根数据的大小关系，将搜索范围缩小为左子树或右子树，最后，对于左子树或右子树采用同样的方法，直到找到指定数据 x 或搜索完数据集（即未找到）。图 7-5 所示给出了相应解析及 C++ 语言描述。

在此，与树根数据比较并决定是否进入左子树或右子树，是二叉排序树搜索方法的小方法。对于左子树或右子树，不断重复使用该小方法。

二叉排序树搜索方法的时间复杂度为 $O(\log_2 N)$。相对于朴素查找，具有较好的时间效

```
// 在树型数据组织结构tree中查找指定数据x, rt为tree的树根位置
// -1表示没有找到，0~ 表示找到，相应值为x在tree中的位置
int Find( int rt, int x )
{
    if( rt == -1 )  // tree为空树
        return pos;  // 没有查到指定数据x
    if( tree[rt].data == x )
            // 当前数据集（即tree）的树根数据就是要查找的指定数据x
        return rt;  // 指定数据x在treezhong de 的位置
    else if( tree[rt].data > x )  // 缩小当前数据集规模（左子树）
            return Find( tree[rt].left, x );  // 重复使用同样的方法
    else  // 缩小当前数据集规模（右子树）
            return Find( tree[rt].right, x );  // 重复使用同样的方法
}
```

```
Node  data
     left right
struct Node {
    int data, left, right;
};
tree  data data data ...
     left right left right left right ...
      0    1    2   ...
vector<struct Node> tree;
// struct Node tree[n];
```

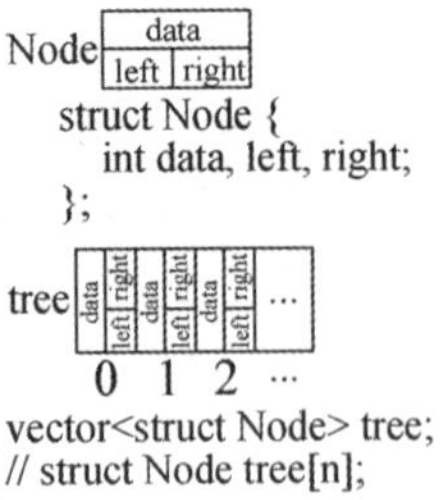

图7-5　二叉排序树搜索方法

率。另外,二叉排序树搜索方法可以方便地不断插入数据,从而实现针对动态数据集的排序和查找。

2）深度优先搜索

深度优先搜索方法主要面向树状层次型或图状网络型数据组织结构形态(注:实际问题的状态空间通常被抽象为这两种结构,状态为结点/顶点,状态之间的联系与可达性为结点/顶点之间的连线,例如:图的边)的搜索,它是树/图结构深度优先遍历方法(参见例3-18)的具体应用,其算法步骤如下:

(1) 初始化:将树根数据元素(对于树状层次型结构)或某个初始顶点数据元素(对于网状网络型结构)放入一个堆栈(参见第2.5.2小节)中;

(2) 当堆栈不为空时(即还没有搜索完所有结点/顶点),不断重复下列小方法:

·2.1 取出栈顶结点/顶点作为当前需要处理的结点/顶点;

·2.2 如果当前结点/顶点为目标顶点(即找到一个解),则对于仅仅求一个解的情况,结束整个搜索过程;否则,如果要求问题的最优解或所有解,则不结束搜索过程,继续·2.3步搜索新的目标结点/顶点;

·2.3 否则,将当前结点的所有直接子女结点数据元素(对于树状层次型结构)或当前顶点的所有直接相邻顶点中没有搜索过的顶点数据元素(对于网状网络型结构)依次放入堆栈中;如果当前结点/顶点无法再扩展新的结点/顶点(即无法再产生进栈的行为),则直接转第(2)步。

依据堆栈先进后出的工作原理,深度优先搜索总是先扩展最新产生的一个结点/顶点(即第·2.3步),当不能扩展新结点/顶点时,就沿着结点/顶点产生的反方向继续寻找可以产生新结点/顶点的结点/顶点(即第·2.1步)并扩展它,这就使得整个搜索过程形成一条路径,或者,它相当于将树状结构或图结构转变为一种线性结构。图7-6所示给出了相应解析。

由图7-6可知,深度优先搜索第一个找到的解,并不一定是问题的最优解,仅仅是一个满足约束条件的可行解。只有搜索完(即穷举完)问题的整个状态空间,才能确定哪个可行解是最优解。因此,深度优先搜索方法一般适合于快速找到一个可行解的问题求解应用场

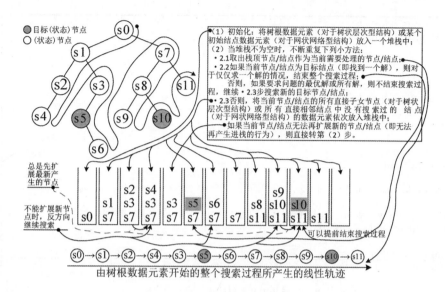

图7-6　深度优先搜索方法

景,例如:在一个迷宫中为可爱的小白鼠找到一条通往出口的路径。

【例7-1】　走迷宫

问题描述:一个由R行C列小方格组成的迷宫,其中部分小方格有障碍物。给定一个含有障碍物的迷宫,请问从左上角是否可以走到右下角(只能在水平方向或垂直方向走,不能斜着走)。

输入格式:第一行为两个整数R,C(1 <= R, C <= 40),表示迷宫的长和宽。接下来R行,每行C个字符,表示整个迷宫的状态(空地格子用'.'表示,有障碍物的格子用'#'表示)。迷宫左上角和右下角都是'.'。

输出格式:如果从左上角可以走到右下角,输出YES,否则,输出NO。

本题要求寻找到一条从左上角到右下角的路径,相当于求一个可行解。即给出初始结点(左上角)和目标顶点(右下角),求一个具体轨迹(参见图7-1)。因此,符合深度优先搜索方法的应用场景,可以通过深度优先搜索方法来求解。

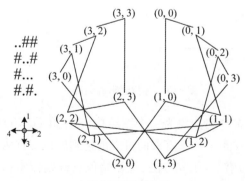

(a) 求解的状态空间

```
#include <bits/stdc++.h>
using namespace std;

int r, c;
char a[41][41];

int flag = 0, // 找到通路的标志
    u[4] = { 1, -1, 0, 0 }, // 水平方向左右位置调整
    v[4] = { 0, 0, 1, -1 }; // 垂直方向左右位置调整

struct node { int x, y; };
void dfs( int x, int y )
{
    stack<node> stk; // 构造一个堆栈
    node tmp;
    tmp.x = x; tmp.y = y; stk.push( tmp ); // 初始结点入栈（参见算法第（1）步）
    while( !stk.empty() ) // 参见算法第（2）步
    {
        tmp = stk.top(); stk.pop();    // 参见算法第2.1步
        for( int i = 0; i < 4; i++ ) // 穷举当前位置4个方向（参见算法第2.3前半步）
        {
            int xx = tmp.x + u[i];  int yy = tmp.y + v[i]; // 前进一个位置
            if( xx >= 0 && xx < r && yy >= 0 && yy < c && a[xx][yy] == '.' )
            { // 新的位置合法，可以走一步
                if( xx == r-1 && yy == c-1 ) // 当前位置到达右下角，找到通路（参见算法第2.2前半步）
                { flag = 1; break; }
                a[xx][yy] = '#'; // 走过的位置变为'#'，以面重复搜索（参见算法第2.3步前半步）
                node tmp1;
                tmp1.x = xx; tmp1.y = yy;
                stk.push( tmp1 ); // 当前结点进栈（参见算法第2.3步前半步）
            }
        }
    }
    return;
}
int main()
{
    cin >> r >> c;
    for( int i = 0; i < r; i++ ) // 输入迷宫状态
        for( int j = 0; j < c; j++ )
            cin >> a[i][j];
    a[0][0] = '#'; // 走过的位置变为'#'，以面重复搜索（参见算法第2.3步前半步）
    dfs( 0, 0 ); // 从左上角（0，0）开始搜索
    if( flag )
        cout << "YES" << endl;
    else
        cout << "NO" << endl;
    return 0;
}
```

将当前结点(x, y)的所有直接相邻结点中没有搜索过的结点依次放入堆栈中

(b) 程序描述及解析

图 7-7 寻找迷宫的通路

首先,将本题的求解状态空间抽象为一个图结构,左上角(0,0)位置为初始顶点,其他位置为中间顶点,每个顶点在水平和垂直方向可以前进到的位置都为该顶点的相邻顶点(参见图 7-7a 所示)。然后,运用深度优先方法,从初始顶点开始搜索,直到找到第一个可行轨迹(即到达右下角位置)或搜索完整个状态树(即没有找到可行轨迹)。图 7-7b 所示给出了相应的程序描述及其解析。

3）宽度优先搜索

宽度优先搜索方法（也称为广度优先搜索方法）主要面向图状网络型数据组织结构形态的查找（也可以面向树状层次型数据组织结构,此时退化为树状结构的层次遍历）,它是图结构宽度优先遍历方法（参见例 3-18）的具体应用,其算法步骤如下：

（1）初始化:将树根数据元素（对于树状层次型结构）或某个初始顶点数据元素（对于网状网络型结构）放入一个队列（参见第 2.5.2 小节）中;

（2）当队列不为空时（即还没有搜索完所有结点/顶点）,不断重复下列小方法：

·2.1 取出队列头部结点/顶点作为当前需要处理的结点/顶点;

·2.2 如果当前结点/顶点为目标顶点（即找到一个解）,则对于仅仅求一个解的情况,结束整个搜索过程;否则,如果要求问题的最优解或所有解,则不结束搜索过程,继续·2.3 步搜索新的目标结点/顶点;

·2.3 否则,将当前结点的所有直接子女结点数据元素（对于树状层次型结构）或当前顶点的所有直接相邻顶点中没有搜索过的顶点数据元素（对于网状网络型结构）依次放入队列中;如果当前结点/顶点无法再扩展新的结点/顶点（即无法再产生进队列的行为）,则直接转第（2）步。

依据队列先进先出的工作原理,宽度优先搜索总是以树根/初始顶点开始,一层一层地按层向外扩展（即第·2.3 步）。因此,对于图结构,每次扩展需要判断队列中是否已存在重复顶点（即队列中只存放没有搜索过的顶点）。相对于深度搜索的线性轨迹,宽度搜索是一种平面轨迹。图 7-8 所示给出了相应解析。

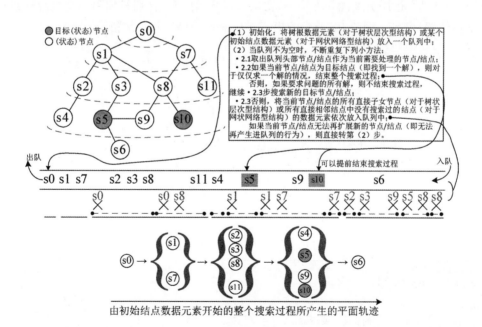

图 7-8　宽度优先搜索方法

由图 7-8 可知,宽度优先搜索方法一定能保证找到最短的解。因此,宽度优先搜索方法一般适合于求最少步骤或最短解序列的问题求解应用场景。另外,为了同时求得获得最值的路径,在搜索过程的结点/顶点扩展时,应该尽量保持结点/顶点的顺序性和结点/顶点扩展的来源(以便追溯搜索的具体路径)。

【例7-2】 走迷宫2(http://noi. openjudge. cn/ch0205/2753/)

问题描述:一个由R行C列小方格组成的迷宫,其中部分小方格有障碍物。给定一个含有障碍物的迷宫,请问从左上角走到右下角最少需要行走多少步(只能在水平方向或垂直方向走,不能斜着走。并且,所给定的迷宫一定存在通路)。

输入格式:第一行为两个整数R,C(1 <= R,C <= 40),表示迷宫的长和宽。接下来R行,每行C个字符,表示整个迷宫的状态(空地格子用'.'表示,有障碍物的格子用'#'表示)。迷宫左上角和右下角都是'.'。

输出格式:从左上角走到右下角的最少行走步数(即经过多少个空地格子,包括起点和终点)。

与例7-1不同,本题不仅是要找到从左上角到右下角的一条通路,而且该通路必须是最短的通路。显然,采用深度优先搜索方法可以求解本题,即找出所有的通路并经过比较取最短的通路(参见深度优先算法的第2.2步后半部)。然而,这种方法需要搜索整个状态空间并穷举所有的情况。事实上,本题符合宽度优先搜索方法的应用场景,可以采用宽度优先搜索方法求解本题。因为宽度优先搜索方法是逐层推进,一旦首次推进到含有目标顶点的层次,此时得到的路径一定是最短的路径。

首先,将本题的求解空间抽象为一个图结构,左上角(0,0)位置为初始顶点,其他位置为中间顶点,每个顶点在水平和垂直方向可以前进到的位置都为该顶点的相邻顶点(参见图7-9a所示)。然后,运用宽度优先方法,从初始顶点开始搜索,直到找到第一个可行轨迹(即到达右下角位置)即可。图7-9b所示给出了相应的程序描述及其解析。

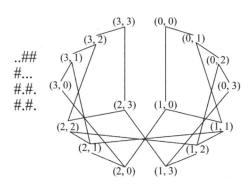

(a)求解的状态空间

```cpp
#include <bits/stdc++.h>
using namespace std;

int r, c,
    ans = 0; // 最短路径的长度（或步数）
char a[41][41];
int u[4] = {1, -1, 0, 0 }, v[4] = { 0, 0, 1, -1 };
struct node
{
  int x, y,
      step; // 到达当前位置的步数
};
```

```
void bfs( int x, int y )
{
  queue <node> q; // 构造一个队列
  node tmp;
  tmp.x = x; tmp.y = y; tmp.step = 1; q.push( tmp ); // 初始结点入队（参见算法第（1）步）
  while( !q.empty() ) // 参见算法第（2）步
  {
    tmp = q.front(); q.pop(); // 参见算法第2.1步
    for( int i = 0; i < 4; i++ ) // 穷举当前位置4个方向（参见算法第2.3步前半步）
    {
      int xx = tmp.x + u[i];  int yy = tmp.y + v[i];    // 前进一个位置
      if( xx >= 0 && xx < r && yy >= 0 && yy < c && a[xx][yy] == '.' )
      {   // 新的位置合法，可以走一步
        if( xx == r-1 && yy == c-1 ) // 当前位置到达右下角，找到通路（参见算法第2.2前半步）
        { ans = tmp.step + 1; return; } // 得到答案，结束整个搜索过程
        a[xx][yy] = '#'; // 走过的位置变为 '#'，以免重复搜索（参见算法第2.3步前半步）
        node tmp1;
        tmp1.x = xx; tmp1.y = yy; tmp1.step = tmp.step + 1;
        q.push( tmp1 ); // 当前结点进队列（参见算法第2.3步前半步）
      }
    }
  }
  return;
}
int main()
{
  cin >> r >> c;
  for( int i = 0; i < r; i++ ) // 输入迷宫状态
    for( int j = 0; j < c; j++ )
        cin >> a[i][j];
  a[0][0] = '#'; // 走过的位置变为 '#'，以免重复搜索（参见算法第2.3步前半步）
  bfs( 0, 0 );    // 从左上角（0，0）开始搜索
  cout << ans << endl;   // 从左上角（0，0）开始搜索
  return 0;
}
```

将当前结点(x, y)的所有直接相邻结点中没有搜索过的结点依次放入队列中

（b）程序描述及解析

图 7-9　寻找迷宫的最短通路

7.3.3　基于映射的查找方法

上述各种查找或搜索方法都基于比较操作确定目标，需要遍历数据集并逐个做比较。因此，算法的时间复杂度与数据集规模 n 有关系。哈希（Hash）查找另辟蹊径，采用映射操作确定目标，使得其时间复杂度与数据集规模 n 几乎无关，总是 $O(1)$。其原理是，针对给定的数据集特征，设计一个 Hash 函数并通过"2＋3"游戏构造一个称为 Hash 表的数据组织结构，通过 Hash 函数将数据集的每个数据都映射到 Hash 表不同位置，由此实现目标查找。图 7-10 所示给出了相应解析。

显然，Hash 表大小的设定以及 Hash 函数的设计是该方法的关键。一般情况下，该方法所适用的问题场景是，其数据集具有某种种类有限的特征，基于此可以解决 Hash 表大小设定的难题。伴随着 Hash 表大小的设定，相应的 Hash 函数也可以通过数据集的特征来设计。

一般而言，Hash 表大小总是小于数据集规模，因此，无论 Hash 函数如何设计，映射结果总会产生冲突。为了解决冲突，常用线性探查法和拉链法。具体解析如图 7-11 所示。

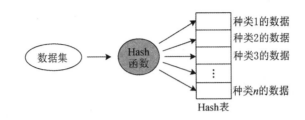

图 7-10　Hash 查找方法

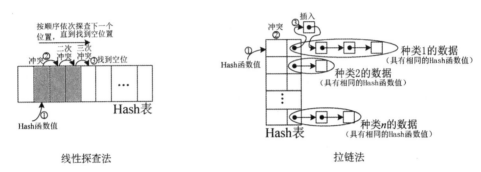

线性探查法　　　　　　　　　　　　　拉链法

图 7-11　Hash 冲突的常用解决方法

由图 7-11 可知,对于冲突的处理仍然存在比较问题,然而,相对于其他方法而言,此处比较操作涉及的数据集规模要小得多。事实上,所有方法都是通过不断缩小数据集规模而实现的,基于比较操作的各种方法对于不断缩小的数据集采用同样的方法,而哈希方法通过映射操作大幅度缩小数据集规模(多个分组),尽管对于缩小后的数据集仍然采用比较操作,但缩小后的数据集规模十分小,因此,Hash 方法具有十分高效的查找效率。

【例 7-3】　正方形(http://noi. openjudge. cn/ch0305/1807/)

问题描述:给出平面上一些点的坐标,统计由这些点可以组成多少个正方形(注意:正方形的边不一定平行于坐标轴)。

输入格式:输入包括多组测试数据。每组的第一行是一个整数 n(1 <=n<=1 000),表示平面上点的数目,接下来 n 行,每行包括两个整数,分别给出一个点在平面上的 x 坐标和 y 坐标(输入保证平面上点的位置是两两不同的,而且坐标的绝对值都不大于 20 000)。最后一组输入数据中 n=0,表示输入结束。

输出格式:对每组输入数据,输出一行,表示这些点能够组成的正方形的数目。

针对本题,最直接自然的想法是枚举四个点的组合情况,并判断每种组合情况是否可以构成正方形。此时,时间复杂度为 $O(n^4)$。事实上,对于一个正方形来说,如果知道左上角和右下角的点,则可以计算出右上角和左下角的点。于是,可以仅枚举左上角和右下角两个点的组合情况,此时,时间复杂度降为 $O(n^2)$。然而,通过计算得到的右上角和左下角的点并不一定满足要求(即并不能确保就在给定的点中)。为此,可以通过 Hash 方式进行判断,Hash 函数为:key = x * maxM + y。首先,每当读入一个点时,就将其放入 Hash 表中;其次,针对两个不同点的每一种组合情况,计算出另外两个点;最后,查找 Hash 表,看看计算出的两个点是否满足要求(即是否是给定的点,在 Hash 表中)。由此,统计出正方形的个数。图 7-12 所示给出了相应程序及解析。

```
#include <bits/stdc++.h>
#define inf -0x3f3f3f3f
using namespace std;

const int maxM = 20007;
const int maxN = 1010;

int n;
int Hash[maxM + 10], x[maxN], y[maxN];
struct node
{
    int key, next;
} data[maxN];

int find( int key )
{ // 判断key是否在hash表中
    int p = key % maxM;
    if( p < 0 )  p = -p;
    int p1 = Hash[p];
    while( p1 > 0 && key != data[p1].key )
        p1 = data[p1].next;
    return p1;
}
int main()
{
    while( scanf( "%d", &n ) && n )  // 处理多组数据，直到n为0
    {
        memset( Hash, 0, sizeof(Hash) );
        memset( data, 0, sizeof(data) );
        int k = 0;
        for( int i = 1; i <= n; i++ )  // 处理当前这组数据的n个点
        {
            scanf( "%d %d", &x[i], &y[i] );  // 输入一个点的坐标
            data[i].key = x[i] * maxM + y[i];  // 计算当前坐标点的key
            int p = data[i].key % maxM;
            if( p < 0 ) p = -p;
            data[i].next = Hash[p];
            Hash[p] = i;
        }
        int ans = 0;
        for( int i = 1; i <= n; i++ )  // 穷举n个点的组合情况
        {
            for( int j = 1; j <= n; j++)
                if( i != j )
                {
                    int x1, y1, x2, y2, key1, key2;
                    x1 = x[i] - ( y[j] - y[i] ); y1 = y[i] + ( x[j] - x[i] );  // 计算另外两个点的坐标
                    x2 = x[j] - ( y[j] - y[i] ); y2 = y[j] + ( x[j] - x[i] );
                    key1 = x1 * maxM + y1;  // 计算另外两个坐标点的key
                    key2 = x2 * maxM + y2;
                    if( find( key1 ) && find( key2 )) ans++;  // 构成一个正方形
                    x1 = x[i] + ( y[j] - y[i] ); y1 = y[i] - ( x[j] - x[i] );// 正方形在下方的情况
                    x2 = x[j] + ( y[j] - y[i] ); y2 = y[j] - ( x[j] - x[i] );
                    key1 = x1 * maxM + y1;  // 计算另外两个坐标点的key
                    key2 = x2 * maxM + y2;
                    if( find( key1 ) && find( key2 ) ) ans++;  // 构成一个正方形
                }
        }
        cout << ans / 8 << endl;  // 去掉重复情况（每条边考虑上方/下方两种情况，共4条边）
    }
}
```

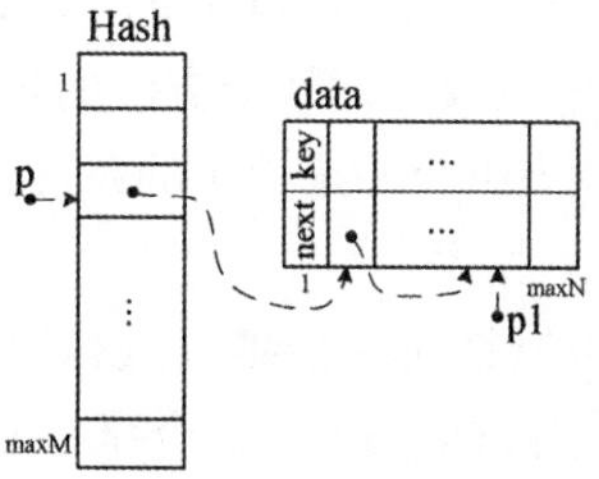

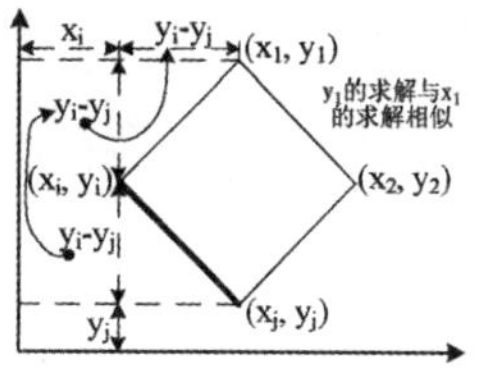

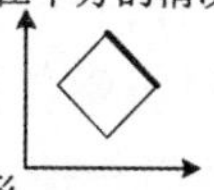

按拉链法寻找key

将当前点放入hash表中
（按拉链法处理冲突，
参见图7-11所示）

图 7-12 求正方形数目的程序描述及解析

7.3.4 穷举所有可能的查找方法

与查找单个具体对象不同,查找具体对象个数需要搜索完所有数据集(参见搜索算法中第·2.2步的后半步)。在此基础上,统计具体对象的个数或者通过比较求满足最值条件的某个具体对象。尽管上述所介绍的方法可以通过一些辅助手段实现对所有可能解的查找(搜索算法除外,因其本身通过第·2.2步的后半步可以搜索整个状态空间),但其不能完整地作为一个方法,仅仅是对某个方法的重复使用。本质上,查找所有可能解就是穷举问题状态空间的各种状态组合并按给定的条件进行相应判断。

1)朴素穷举法

朴素穷举可以针对多个维度进行穷举(或涉及多个参数的穷举),将每个维度的子目标合并形成整体目标。通过多个维度的穷举,可以得到所有满足要求的整体目标及其数量。

朴素穷举一般采用多重循环实现,每重循环对应一个维度的穷举,循环之间的嵌套形成维度之间的各种组合。朴素穷举的执行效率比较低,适合数据规模相对较小、每个维度穷举范畴不太大的应用场景。图7-13所示给出了相应的原理解析。

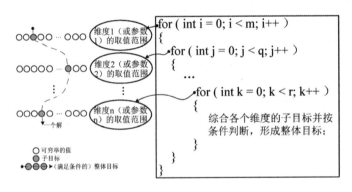

图7-13 朴素穷举方法

【例7-4】 换零钱

问题描述:小X有a张100元,现在他想请小Y帮他换成10元、5元、2元、1元的零钱。现在告诉你小Y有b张10元、c张5元、d张2元、e张1元,请你告诉小X他一共有多少种换取方案(要求10元、5元、2元、1元都至少有一张)。

输入格式:一行,含有5个小于100的正整数,表示a、b、c、d、e。

输出格式:一行,含一个正整数,即所求方案数。

本题可以通过穷举各种组合情况来解决,即穷举10元、5元、2元、1元数量的各种组合情况,并判断每种组合情况的总值是否为a * 100即可。如果是,则说明是一个可行方案。图7-14给出了相应的程序秒速及解析。

```
#include<bits/stdc++.h>
using namespace std;

int main()
{
  int a, b, c, d, e,
      ans = 0; // 换零钱的方案数

  cin >> a >> b >> c >> d >> e;
  for( int i1 = 1; i1 <= b; i1++ ) // 穷举10元的张数
    for( int i2 = 1; i2 <= c; i2++ ) // 穷举5元的张数
      for( int i3 = 1; i3 <= d; i3++ ) // 穷举2元的张数
        for( int i4 = 1; i4 <= e; i4++ ) // 穷举1元的张数
          if( i1*10 + i2*5 + i3*2 + i4 == a*100 ) // 是一种方案
            ans++;
  cout << ans << endl;
  return 0;
}
```

图 7-14　朴素穷举方法的应用

2）回溯法

回溯法可以看作是各种无确定形式化模型类算法的母算法，有着广泛的应用。回溯方法是朴素穷举法的简化或规则化，它仅仅涉及两个维度的穷举（其中，一个维度的穷举有时可以直接退化为循环语句），是最简洁的穷举算法（可以将其称为二维规则型穷举方法）。为了实现两个维度的穷举，回溯算法建立了相对固定的模式（也可称为算法框架），其基本模型和算法原理如图 7-15 所示。

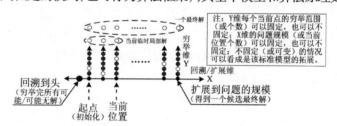

（a）基本模型

```
初始化，构造当前临时解（从X维初值开始，Y维穷举当前位置的最小/最大可能）；
do while （X维当前位置>= 初值）  //回溯没到头，所有可能还没有试探完
{
  if  （当前临时解合法）
    {
      if  （当前临时解是一个最终解）
        {
          按要求对解进行处理（例如：输出/保存/比较/统计等）；
          调整并产生下一个新临时解；  //回溯
        }
      else    扩展当前临时解（X维伸展到下一个位置）；①
    }
  else  调整并产生下一个新临时解；  //回溯
}

    其中，"调整并产生下一个新临时解"的方法是，先穷举y维当前位置的下一个可能，
如果不能穷举（或已经穷举完当前位置所有可能），则X维需要回溯一次，同时在新位置
上对其Y维穷举其下一个可能。该过程可能会重复多次（即回溯多次），直至回溯到头，
从而结束整个循环。
    "扩展当前临时解"的方法是，伸展一次X维，并在新的位置上将其Y维初始化为穷举的
第一种可能（即设置穷举的最小/最大可能）。②
```

（b）算法基本框架

图 7-15　回溯方法

相对于朴素穷举,尽管回溯方法的执行效率不高,但在数据规模不太大的情况下,它能够有效解决大部分应用问题。特别是,对于一些无法找到更有效解决算法的问题,配合一些优化措施(参见第7.3.5小节相关解析),回溯方法有着广泛的用途。

回溯方法在具体应用时的关键是,依据其基本模型,首先要根据具体问题抽象出X维和Y维;其次,循环部分可以是普通循环,也可以是死循环。如果是死循环,则在循环体内的回溯部分必须有一个if语句,用于判断回溯是否到头,以便终止死循环;第三,当前临时解的合法性判断,要根据具体问题而定;第四,当前临时解是否是最终解,要根据具体问题而定。有时是通过长度确定,即X维伸展到规定长度;有时是通过目前X维向量的合理性,即目前X维的向量组成/特性满足题目要求。因此,X维可以定长,也可以不定长;第五,Y维的穷举范围和起点,都应根据具体问题而定。因此,Y维的穷举域可以固定不变,也可以越来越少。并且,Y维的穷举起点可以固定,也可以不固定;第六,Y维穷举时一定要有有序性,即从小到大,或从大到小,按一定方向进行,以免漏掉一些可能的试探值;第七,图7-15的回溯方法基本框架是非递归方式的一种实现(参见例3-18),回溯方法还可以通过递归方式实现(参见例4-10),以节省代码的数量。事实上,两种实现方法的思维原理是一样的,只是非递归方式中对数据集规模缩小的过程不是很明显,并且需要自己处理堆栈的相关工作。但是它可以控制堆栈的大小;反之,递归方式中对数据集规模缩小的过程非常明显(每次递归调用就是缩小数据集规模),并且堆栈的相关工作由系统自动处理。但是它不可以控制堆栈的大小。

回溯方法本质上是深度优先搜索方法的一种改进,是更加实用的一种搜索方法。具体改进是在当前结点/顶点扩展新的结点/顶点时(即产生进栈行为时),它不是将当前结点的所有直接子女结点数据元素(对于树状层次型结构)或当前顶点的所有直接相邻顶点中没有搜索过的顶点数据元素(对于网状网络型结构)依次放入堆栈中,而是选择其中一个放入堆栈中(参见图7-16b中的①)。因此,回溯方法占用堆栈空间相对较少。另外,如果要求具体的搜索路径时,深度优先搜索方法在找到目标结点/顶点后,还要回头寻找初始结点/顶点到目标结点/顶点的具体路径(依据相应的辅助记录信息);而回溯方法在找到目标结点/顶点后,搜索路径就是一条从初始结点/顶点到目标结点/顶点的具体路径。正是回溯方法只需要存储当前的一条搜索路径,所以相对于深度优先搜索方法和广度优先搜索方法,其占用的内存空间大大减少。回溯方法比较适合用来处理要求所有解方案的问题,并且,在试探性求解的问题中也有广泛的用途。

回溯法在结点/顶点扩展时具有相当的盲目性,并且,在具体应用时,通常还会存在一些局部的无效穷举过程,从而导致其执行效率较低(参见图7-16的解析)。因此,对于数据规模较大的问题求解,往往将回溯方法作为基方法,然后对其做各种优化,以便提高其执行效率。

【例7-5】 回溯法带来的无效搜索

通过回溯法求解问题时,总是按照既定的默认顺序扩展结点/顶点,带有盲目性,导致一些局部的无效穷举过程。图7-16a所示给出了用回溯法求解例7-1走迷宫问题时的局部无效穷举过程的示例。此时,回溯法通过不断回溯到上一步再扩展其他分支来搜索,由无效的不断扩展及其带来的不断回溯所产生的时间消耗,导致回溯法执行效率下降(参见图7-16b 中的②,其递归时的现场保存与恢复轨迹就包含无效搜索轨迹)。图7-16b 所示给出了走迷宫问题的回溯法处理程序描述及解析(采用递归回溯)。

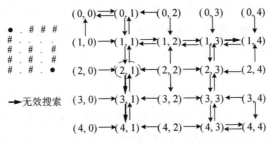

（a）局部无效的穷举

```cpp
#include <bits/stdc++.h>
using namespace std;

int r, c;
char a[41][41];

int flag = 0,    // 找到通路的标志
    u[4]={1,-1,0,0},    // 水平方向左右位置调整
    v[4]={0,0,1,-1};    // 垂直方向上下位置调整

void dfs( int x, int y )
{
  if( flag ) return;    // 找到通路,结束搜索过程
  if( x == r-1 && y == c-1 )
    flag = 1;    // 当前位置到达右下角,找到通路,设置标志（参见算法第2.2步）
  for( int i = 0; i < 4; i++ )  // 穷举当前位置4个方向（参见算法第2.3步前半部）
  {
     int xx = x+u[i];   int yy = y+v[i];    // 前进一个位置
     if( xx >= 0 && xx < r && yy >= 0 && yy < c && a[xx][yy] == '.' )
     {    // 新的位置合法,可以走一步
        a[xx][yy] = '#'; // 走过的位置变为 '#', 以免重复搜索（参见算法第2.3步前半部）
        dfs( xx, yy ); // 以新的位置作为树根继续搜索（即缩小数据集规模并采用同样的方法处理）②
        a[xx][yy] = '.'; // 恢复递归前改变的情况,以便其他前进方向的搜索（参见算法第2.3后半部及2.1步）
     }
  }
  return;
}
int main()
{
  cin >> r >> c;
  for( int i = 0; i < r; i++ ) // 输入迷宫状态
    for( int j = 0; j < c; j++ )
      cin >> a[i][j];
  a[0][0] = '#'; // 走过的位置变为 '#', 以免重复搜索（参见算法第2.3步前半部）
  dfs( 0, 0 );   // 从左上角（0, 0）开始搜索
  if( flag )
    cout << "YES" << endl;
  else
    cout << "NO" << endl;
  return 0;
}
```

①　尽管是对当前位置的4个方向穷举,但递归调用机制使得仅入栈第一个可能的方向,当前位置的其他可能方向要到递归结束后才能进栈（即递归机制使得当前位置所有可能方向并没有同时都入栈）

（b）程序描述及解析

图7-16　走迷宫问题的回溯法求解

7.3.5 搜索方法的基本优化

随着问题的复杂程度提高,其解的状态空间变得十分巨大,对应的数据组织结构——树或图也十分巨大,由此导致针对面向树状数据组织结构或图状数据组织结构形态的搜索方法的执行效率十分低下。因此,为了提高算法的执行效率,增加算法的实际应用价值,通常需要对搜索算法做适当的优化。

1)优化搜索顺序

实际应用中,针对由问题得到的状态空间结构进行搜索时,扩展每个当前结点/顶点时,对其分支的选择顺序不是固定的,不同的搜索顺序会产生不同的搜索过程,由此形成的搜索轨迹树的规模也相差甚远。因此,每当扩展当前结点/顶点时,可以对其所有可行分支的选择顺序做一些优化,以便获得更好的执行效率(例如:将其按某种规则排序。具体参见例8-2 的解析)。

2)记忆化搜索

本质上搜索是遍历层次树状结构或网状图结构的一种基本方法(参见图7-6、图7-8)。具体应用中,实际应用问题的求解状态空间所构成的树结构/图结构,其每个结点/顶点是一种求解的状态,即求解的一种需求描述或需要依据给定的各个参数值去求解的一种描述(参见图7-17a 中的①)。用搜索方法求解问题时,如果多次遍历相同的状态,就存在重复计算(即重复进行由该状态开始的搜索过程)。这对于求解状态空间比较大、重复计算现象比较多的应用问题求解来说,采用搜索方法解题的时间复杂度就非常高。为了降低时间复杂度,一个最直接自然的想法就是,对于计算过的状态的结果进行保存,以便后用。也就是,每当计算一个状态时,首先看看是否已计算过,如果已计算过,则不再计算,直接使用其结果(注:对于深度优先搜索而言,在其算法第2.3 步中,不总是将当前结点的所有直接子女结点数据元素(对于树状层次型结构)或当前顶点的所有直接相邻顶点中没有搜索过的顶点数据元素(对于网状网络型结构)依次放入堆栈中,而是先在保存的结果中查看当前结点的所有直接子女结点数据元素(对于树状层次型结构)或当前顶点的所有直接相邻顶点中没有搜索过的顶点数据元素(对于网状网络型结构)是否已经搜索过,如果已经搜索过,则直接使用其结果;否则才放入堆栈中。参见图7-17c 中的②);如果没有计算过,则进行计算并将其结果保存起来(参见图7-17c 中的③)(注:对于深度优先搜索而言,在其算法第2.2 步中,非最终解的本次求解结果应保存起来)。经过这种优化处理的搜索方法称为记忆化搜索。显然,记忆化搜索方法是通过牺牲少量的空间来换取大量的时间效率。

【例7-6】 滑雪(http://bailian. openjudge. cn/practice/1088/)

题目描述:Michael 喜欢滑雪,因为滑雪的确很刺激。可是为了获得速度,滑雪的区域必须向下倾斜,而且当你滑到坡底,你不得不再次走上坡或者等待升降机来载你。Michael 想知道在一个滑雪区域中最长的滑坡。

滑雪区域由一个二维数组给出,数组的每个元素值代表一个点的高度。一个人可以从某个点滑向上下左右四个相邻点之一,当且仅当高度减小。例如:对于图7-17(a)所示的滑雪区域,一条可行的滑坡为24→17→16→1(即从24 高度的点开始,在高度为1 的点结束)。

当然,25→24→23→…→3→2→1 是一条更长的滑坡(事实上,这也是最长的一条滑坡)。

输入格式:输入的第一行为表示区域的二维数组的行数 R 和列数 C($1 <= R, C <= 100$)。下面是 R 行,每行有 C 个数,代表各个点的高度(两个数之间用一个空格分隔)。

输出格式:输出区域中最长滑坡的长度。

对于本题,显然需要通过搜索,将所有可能的滑坡都找出来,最后取其中最长的一个滑坡即可。为了搜索出所有的滑坡,整个搜索过程中存在大量的重复搜索。首先,从一个高度出发的搜索存在一些重复的搜索;其次,以每个高度作为出发点的多次搜索中,存在大量的重复搜索。参见图 7-17(b)所示。因此,如果不进行优化,直接搜索的时间复杂度非常高(4^{R*C} 或 $O(4^n)$)。因此,通过记忆化搜索可以避免大量的重复搜索。

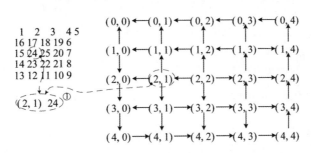

(a) 状态空间

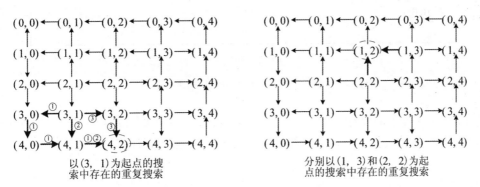

以(3,1)为起点的搜索中存在的重复搜索

分别以(1,3)和(2,2)为起点的搜索中存在的重复搜索

(b) 重复搜索示例

```cpp
#include<bits/stdc++.h>
using namespace std;

const int maxn = 100+5;
int dp[maxn][maxn], a[maxn][maxn];
int n,m;
int dir[4][2] ={ 1, 0, -1, 0, 0, 1, 0, -1 }; // 当前位置四个方向的位置调整

bool check( int x, int y ) //判断位置(x, y)是否合理
{
    if( x >= 0 && x < n && y >= 0 && y < m )
        return true;
    return false;
}
```

```
int dfs( int x, int y )
{
    if( dp[x][y] )② //如果状态（x，y）已经搜索（计算）过，直接使用其结果，不再重新搜索
        return dp[x][y];
    int res = 1;
    for( int j = 0; j < 4; j++ ) //穷举当前位置的4个方向
    {
        int xx = x + dir[j][0]; // 前进一步
        int yy = y + dir[j][1];
        if( check( xx, yy ) && a[xx][yy] > a[x][y] ) //新状态合理
            res = max( dfs( xx, yy ) + 1, res ); //递归计算新状态的结果，并综合4个方向新状
                                                 //态的结果得到当前状态的最终结果
    }
    dp[x][y] = res; // 保存（或记忆）当前状态（x，y）的计算结果③
    return res;
}
int main()
{
    cin >> n >> m;
    memset( dp, 0, sizeof(dp) );
    for( int i = 0; i < n; i++ ) //输入滑雪区域
        for( int j = 0; j < m; j++ )
            cin >> a[i][j];
    int ans = 0;
    for( int i = 0; i < n; i++ ) //以每个点为搜索起点，穷举所有的搜索过程④
        for( int j = 0; j < m; j++ )
            ans = max( dfs( i, j ), ans ); //求最大值
    cout << ans << endl;
    return 0;
}
```

（c）程序描述

图7-17 "滑雪"问题的求解

另外,本题以每个高度作为起点,重复使用了深度优先搜索方法(参见图 7-17c 中的④),相当于对深度优先搜索方法的应用维度进行了拓展,体现了计算思维的典型特征。

3）贪心

贪心方法一般用于求最值问题(最优化问题),它的基本思想是,每次针对当前局部优化都采用一个统一的优化策略(即贪心策略)确定一个优化结果,从而使得针对当前局部优化需要穷举的范畴(即多个选择)缩小为一个,大大缩小了搜索的范围,呈现线性的搜索轨迹。图 7-18 所示给出了相应的解析。

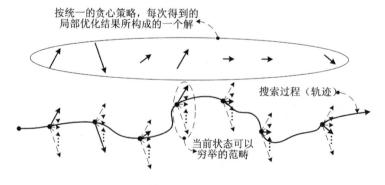

图7-18 贪心方法

显然,贪心方法的特点是:① 只关注当前局部的优化,不关心全局的优化。或者说,它期望以各个局部的优化来达到全局的优化。因此,它不能保证对于任何问题都能得到全局最优解,对于有些问题只可以得到最优解的近似解。例7-7给出了一个反例(参见图7-18的解析);② 正是其针对当前局部优化问题采用一个统一的优化策略并选择一种可能,不需要穷举局部范围的所有可能,以及不需要穷举连续多个当前局部范围之间的组合范畴(即不考虑多个局部之间的联系),因此,它具有较高的执行效率。

【例7-7】 数塔

问题描述:给定一个N层的数字三角形(如图7-19a所示),从顶至底可以有多条路径,路径所经过的数字之和为路径得分(每一步可沿左斜线向下或沿右斜线向下),求最大路径的得分。

输入格式:第一行为一个整数N(1 <= N <=100),表示数塔的高度(层数),接下来N行数字,表示具体的数塔。其中第i行有i个整数,且所有整数均在区间[0,99]内。

输出格式:为一行,最大路径的得分(或数字和)。

针对本题,一种直接自然的想法就是从顶层不断向下走,每一步都选择当前能走的最大数字(即贪心),以使得得分最高。然而,采用这种方法并不能保证整个路径的得分为最大,图7-19(b)所示即是一个反例。可见,贪心方法尽管可以保证每步取最大,但并不能保证最终结果取最大!

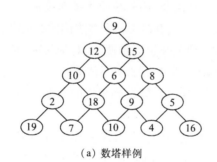

(a) 数塔样例

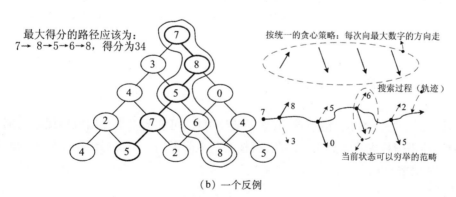

最大得分的路径应该为:
7→8→5→6→8,得分为34

按统一的贪心策略:每次向最大数字的方向走

搜索过程(轨迹)

当前状态可以穷举的范畴

(b) 一个反例

图7-19 贪心方法

从优化角度看,可以认为贪心是一种优化,它依据预先规定的优化策略,减少了大量的搜索范围。当然,它也可能会丢掉一些少量的影响全局最优的搜索范围(参见例7-7和图

7-19 所示的解析)。

4) 剪枝

剪枝也是一种优化方法,主要用于减少无用的搜索范围。针对基于树状层次型数据组织结构的解状态空间,穷举的范畴就是整棵树。然而,实际应用中,针对具体问题,往往有些子树是无效的搜索范畴,可以将其去除(即剪枝)以提高搜索的效率。例 7-8 给出了相应的解析。

【例 7-8】 买鱼

吴奶奶一大早就到花鸟鱼虫市场买鱼,这个市场有各种各样的鱼。这些鱼实在是太美了,买的人越来越多,可是因为货源有限,卖鱼的老板不得不规定:同一种鱼,每个人最多只能买一条,并且有些鱼是不能一起买的,因为它们之间会互相争斗吞食。吴奶奶想尽可能地多买些鱼,可惜她的资金有限,这可怎么办呢? 请你构造一个程序帮助吴奶奶。如果有多个方案都能买到尽可能多的鱼,则选择所花费资金最多的一个方案。

输入格式:第一行为两个正整数 M(M<=1 000)和 N(N<=30),分别表示吴奶奶的资金和鱼的种类。以下 N 行,每行有两个正整数 S(1<=S<=N)和 T(0<=T<=30 000),分别表示某种鱼的编号和价格。接着,每行有两个整数 p 和 q,当 p、q 大于 0 时,表示 p 和 q 不能共处;当 p、q 均等于 0 时,表示输入结束。

输出格式:第一行为两个正整数 X 和 Y,分别表示所买的鱼的条数和总花费。以下 X 行,每行有一个整数,表示所买鱼的编号,编号按升序排列输出。

由于本题规定每种鱼只能买一条,并且要求吴奶奶用 M 元钱能够买到尽量多的鱼。因此,最直接自然的方法是,从第一种鱼开始逐步搜索,对于每种鱼穷举买和不买两种情况,这样通过判断买鱼总花费不超过 M 元和购买的鱼不能有冲突(能够相互共存)两个限制条件,即可得到所有的购买方案。最后,通过比较得到最终的方案。也就是说,通过普通的搜索方法即可解决本题。

事实上,依据鱼之间的冲突情况,可以不用穷举所有鱼的买与不买。因为,一旦购买了某种鱼,就可以将与其冲突的鱼剔除。这样,伴随着买鱼的过程,就可以使得穷举的范围越来越少。从而,大大提高穷举的速度,尽快得到一种方案。在此,依据鱼之间的冲突情况,不断剔除某种/某些鱼的处理就是所谓的"剪枝"。图 7-20 所示给出了相应的程序描述及解析。

剪枝的正确使用,需要满足如下原则:

① 正确性

正确性原则是指枝条不是随意剪的,如果随便剪枝,可能会将最终构成最优解的那一部分支也剪掉,使得剪枝失去了意义。因此,剪枝的基本前提是一定要保证不丢失正确的结果(参见图 7-19 的解析)。

② 准确性

准确性原则是指在保证正确性原则的基础上,应该根据具体问题及其分析,采用较为合适的判断手段,使不包含最优解的枝条尽可能多的被剪去,以使得程序的执行效率最优。因此,剪枝的准确性是衡量一个优化方法好坏的标准。

```cpp
#include <iostream>
#include <climits>
#include <iterator>
#include <algorithm>
#include <vector>
using namespace std;

vector<vector<int> > all;  // 记录所有的购买方案
const int maxn = 30;
int price[maxn+1];   // 记录每种鱼的价格
int killed[maxn+1];  // 记录每种鱼被杀死的情况
int enemy[maxn+1];   // 记录每种鱼的敌对鱼种数

void init( int** a, int m )
{  // 计算每种鱼有多少种不能共处的敌对鱼
   for( int i = 1; i < m+1; i++ )
   {
      for( int j = 1; j < m+1; j++ )
         if( a[i][j] == 1 )
            enemy[i]++;   // 敌对鱼计数
      killed[i] = 0;  // 初始时每种鱼都没有被杀死
   }
}

bool check( int enemy[], int n )
{//如果鱼全部被杀或每种鱼都已经无敌对鱼，则返回true
   for( int i = 1; i < n+1; i++ )
      if( enemy[i] !=0 && !killed[i] )
         return false;
   return true;
}

void search( int** a, int m, int tag )
{
   if( check( enemy, m ) == true )  // 是一种购买方案
   {
      vector<int> tmp;
      int cost = 0;
      for( int i = 1; i < m+1; i++ )  // 统计该方案中所买鱼的总花费，并将每种鱼的编号记录
         if( enemy[i] == 0 )  // 所买的鱼
         {
            tmp.push_back(i);   // 编号记录
            cost += price[i];   // 统计总花费
         }
      tmp.push_back(cost);  // 最后一个记录本方案的总花费
      all.push_back(tmp);   // 本方案记录
   }
   else{  // 还有鱼可以买，继续搜索
      int min = INT_MAX;
      for( int i = 1; i < m+1; i++ )
         if( enemy[i] && !killed[i] )
         {
            if( enemy[i] < min )
               min = enemy[i];
         }
      for(int i=1;i<m+1;i++)  // 查看所有鱼
         if( enemy[i] == min && !killed[i] )  // 找打敌对鱼数目最小的鱼
         {
            for( int j = 1; j < m+1; j++ )  // 杀死与敌对鱼数目最小的鱼有敌对关系的所有其他鱼
               if( a[i][j] == 1 && !killed[j] )
               {
                  killed[j] = tag;  // j这种鱼被杀掉，做标记
                  // 因为这种鱼被杀掉，因此所有i的同盟者（即与j种鱼有冲突的鱼）
                  // 都应该减少敌对鱼的数目
                  for( int k = 1; k < m+1; k++ )
                     if( a[j][k] == 1 )
                        enemy[k]--;
               }
            search( a, m, tag-1 );  //在剩下的鱼中继续搜索可以购买的鱼（即缩小数据集规模后递归）
            for( int j = 1; j < m+1; j++ )
               if( a[i][j] == 1 && killed[j] == tag )
               {
                  killed[j] = 0;
                  for( int k = 1; k < m+1; k++ )
                     if( a[j][k] == 1 )
                        enemy[k]++;
               }
         }
   }
}
```

```cpp
int main()
{
   int money, m;
   int j, k;

   cin >> money >> m;  // 输入买鱼的钱和鱼的种类
   for( int i = 1; i < m+1; i++ )  // 输入每一种鱼的编号和价格
   { cin >> k; price[j] = k; }

   int * opponents[m+1];
   for( int i = 1; i < m+1; i++ )
      opponents[i] = new int[m+1];
   cin >> j >> k;  // 输入鱼不能共处的情况
   while( j != 0 )
   {
      opponents[j][k] = 1; opponents[k][j] = 1;
      cin >> j >> k;
   }
   init( opponents, m );  // 统计每种鱼的敌对鱼的数目并初始化killed数组为0
   search( opponents, m, m );
   cout << all.size();  // 输出所买鱼的条数
   j = 0;
   for( int i = 1; i < all.size(); i++ )  // 在多种方案中寻找一个花费最多的方案
      if( all[i].back() > all[j].back() && all[i].back() <= money )
         j = i;
   cout << ' ' << all[j].back() << endl;  // 输出买鱼的总花费
   copy( all[j].begin(), all[j].end()-1, ostream_iterator<int>( cout, "n" ) );//按升序输出方案
   for( int i = 1; i < m+1; i++ )  // 释放动态构建的二维数组
      delete[] opponents[i];
}
```

依据输入的鱼种类数
动态构建描述鱼冲突
情况的二维数组

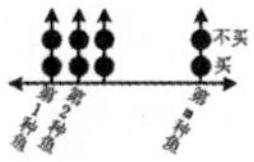

因为要尽量多的买鱼，因此，找
剩余鱼中敌对鱼最少的鱼先买

剪枝处理

不买

递归处理后的状态恢复
（相当于回溯一步后，回
溯前的状态恢复原样）

图 7-20 "买鱼"问题求解（"剪枝"优化）

③ 高效性

高效性原则是指如何在优化与效率之间寻找一个平衡点。因为为了减少搜索的范围，提高其执行效率，必然会寻找并设计最好的剪枝策略。然而，复杂的剪枝及优化策略有时会导致判断的次数增多，从而导致耗时的增多，反而降低算法的执行效率，结果导致整个程序运行起来与没有优化前执行效率相当，得不偿失。

事实上，基于贪心策略而放弃的所有每次当前局部优化应穷举的范围，也相当于一种剪枝，但它不满足剪枝的正确性原则。

5）对搜索优化的综合认识

对于搜索的优化，本质上还是从程序的两个 DNA——数据组织和数据处理角度出发。对于数据组织视角，就是要尽量缩小搜索（或穷举）的范围，例如：分组、贪心、剪枝等。对于数据处理视角，主要体现在减少重复计算和改变处理方法两个方面，例如：记忆化搜索就属于前者，优化搜索顺序、hash 映射、贪心等就属于后者。并且，各种优化中有时通过牺牲一定空间来换取时间，例如：记忆化搜索、hash 隐射等。总之，时间效率是优化的唯一目标。

7.4 实战应用

上面已经介绍了各种各样的搜索方法，并且深入分析了它们的原理、内在联系及不同特点，现在就可以利用这些方法来解决一些实际问题。

【例7-9】 网络访问查询

问题描述：小李是 mynet 网络公司的算法工程师，现在他接到这样一个任务：帮助 myweb 网站来查找 ID 号为 x 的客户今天是否访问过该网站。

myweb 网站已经告诉小李今天访问该网站的客户数量 $n(n <= 10^5)$，以及每个客户的 ID 号 $a_i(a_i <= 500\,000)$ 和待查询客户的 ID 号 $x(x <= 500\,000)$，每个客户的 ID 号均为整数且互不相同。请你帮助小李设计一个算法来完成该任务！

输入格式：输入共两行。第一行两个整数，分别表示上述的 n 和 x。第二行有 n 个整数，表示每个客户的 ID 号。

输出格式：输出仅一行，为"YES"或"NO"。若 ID 号为 x 的客户访问了该网站，则输出"YES"，否则输出"NO"。

针对该问题，首先可以将其映射到查找问题。其次，通过它的数据输入规定及数据集的规模，可以采用连续型线性数据组织结构来存放所有的客户 ID 号。最后，可以通过朴素查找方法就可以完成任务。显然，该问题是一个比较简单的问题。图 7-21 所示给出了相应的程序描述及解析。

【例7-10】 m 次网络访问查询

问题描述：随着 myweb 网站的发展，myweb 现在需要对客户进行分析，其中一项就是要来统计 m 个 ID 号分别为 x_1, x_2, …, x_m 的客户中有多少个人今天访问了该网站。

```
#include<bits/stdc++.h>
#define maxn 100010
using namespace std;

int main()
{                          连续型线性数
    int n, x, a[maxn];     据组织结构

    scanf( "%d %d", &n, &x );
    int flag = 0;
    for( int i = 0; i < n; i++ )
    {
        scanf( "%d", a+i );
        if( a[i] == x )
        {
            flag = 1;  break;
        }
    }
    if( flag )
        printf( "YES\n" );
    else
        printf( "NO\n" );
    return 0;
}
```

图 7-21 网络访问查询问题的求解

```
#include<bits/stdc++.h>
#define maxn 500010
using namespace std;

int main()
{                          连续型线性数
    int m, n, a[maxn];     据组织结构

    memset( a, 0, sizeof(a) ); // 客户ID号对应的标置初始化
    scanf( "%d%d", &m, &n );
    for( int i = 1; i <= m; i++ )
    {
        int x;
        scanf( "%d", &x );
        a[x] = 1; // 设置客户ID号对应的标置
    }
    int s = 0;
    for( int i = 1; i <= n; i++ )
    {
        int x;
        scanf( "%d", &x );
        if( a[x] ) // 判断客户ID号对应的标置并统计
            s++;
    }
    printf( "%d\n", s );
    return 0;
}
```

图 7-22 网络访问查询问题的求解(2)

同样的,myweb 网站已经告诉小李今天访问该网站的客户数量 $n(n <= 10^5)$,以及每个客户的 ID 号 $a_i(a_i <= 500\,000)$ 和待查询的 $m(m <= 10^5)$ 个客户的 ID 号 x_1, x_2, $\cdots$, x_m。每个客户的 ID 号及待查询的 m 个客户 ID 号均为整数且互不相同。请你帮助小李设计一个算法来完成该任务!

输入格式:输入共三行,第一行两个整数,分别表示上述的 n 和 m。第二行有 n 个整数,表示今天访问该网站的每个客户的 ID 号。第三行有 m 个整数,表示待查询的 m 个客户的 ID 号。

输出格式:输出仅一行,为一个整数,表示待查询的客户中有多少个人今天访问了该网站。

该问题显然是例 7-9 问题的一种简单拓展,将查找一个目标拓展为查找多个不同目标。依据题目给定的数据集规模,可以直接多次重复利用例 7-9 的方法即可(参见图 7-22 的程序描述及解析)。由于重复了多次直接查找方法,因此,相对于例 7-9 算法的时间复杂度 $O(n)$,本题算法的时间复杂度变为 $O(n^2)$。

另外,通过观察数据集规模和数据的特征,可以发现每个 ID 号都是小于等于 500000 的正整数,因此,可以改换一种思路,用连续性线性数据组织结构 a[500000] 作为 ID 号的对应标志,即实现 ID 号和标志之间的映射(参见第 7.3.3 小节的解析)。然后伴随着 n 个访问网站客户 ID 号的读入,在 a[500000] 的对应位置做标记。最后,可以通过判断待查询客户 ID 号的标记来统计相应的人数。图 7-23 所示给出了相应的程序描述及解析。在此,将直接多次重复利用例 7-9 方法中的循环嵌套结构改变为循环堆叠结构,其时间复杂度降为 $O(n)$。但是,该方法通过牺牲空间换取了时间,可以在满足空间大小约束前提下以提高时间效率。

【例 7-11】 m 次网络访问查询的拓展

问题描述:随着 myweb 网站的 rp++,其客户的 ID 号也与日俱增,现在 myweb 客户中

一些人的 ID 号已突破了 500 000,最大达到了 10^9。所以现在需要小李来修改他的算法,以适应当前的环境。同样的,myweb 网站已经告诉小李今天访问该网站的客户数量为 $n(n<=10^6)$,以及每个客户的 ID 号 $a_i(a_i<=10^9)$ 和待查询的 $m(m<=10^6)$ 个客户的 ID 号 x_1, x_2, $\cdots$, x_m。每个客户的 ID 号及待查询的 m 个客户 ID 号均为整数且互不相同。请你帮助小李设计一个算法来完成该任务! 幸运的是,小李的同事小王已经帮助小李将这 n 个客户按照他们的 ID 从低到高排好顺序放在 a_1, a_2, $\cdots$, a_n 中。

输入格式:输入共三行,第一行两个整数,分别表示上述的 n 和 m。第二行有 n 个从小到大排好序的整数,表示每个客户的 ID 号。第三行有 m 个整数,表示待查询的 m 个客户的 ID 号。

输出格式:输出仅一行,为一个整数,表示待查询的客户中有多少个人今天访问了该网站。

本题中,由于 a_i 很大,达到了 10^9,所以例 7-10 所采用的哈希映射方法不适合用来组织和存储数据,因为 Hash 表占用的空间太大。进一步分析题目,可以发现 a_1, a_2, $\cdots$, a_n 的组织是有序的,因此,可以充分利用数据的有序特征来设计针对性的算法。基于缩小数据集规模以提高算法效率这个通用的常识并结合数据集的有序性,对每个查询可以采用二分查找法完成,这样每次可以将数据集规模缩小一半,从而大大提高算法的时间效率。图 7-23 所示给出了相应的程序描述及解析。

```cpp
#include<bits/stdc++.h>
#define maxn 1000010
using namespace std;

int main()
{
    int n, m, a[maxn];          线性数据
                                组织结构
    scanf( "%d %d", &n, &m );
    for( int i = 0; i < n; i++ )
        scanf( "%d", a+i );
    int s = 0;
    for( int i = 1; i <= m; i++ )
    {
        int x;  scanf( "%d", &x );
        int left = 0, right = n-1;
        while( left <= right )
        {
            int mid = ( left + right ) / 2;
            if( x == a[mid] )
            { s++; break; }
            else if( x < a[mid] )
                    right = mid-1;
                else
                    left = mid+1;
        }
    }
    printf( "%d\n", s );          二分查找
    return 0;
}
```

图 7-23 "m 次网络查询的拓展"问题求解的程序描述(基于线性数据组织结构)

图 7-23 所示的算法,每次查询的时间复杂度为 $O(\log_2 n)$,m 次查询的总时间复杂度为 $O(m\log_2 n)$。另外,也可以换一种数据组织结构,将原来的线性数据组织结构该换成树形数据组织结构,即伴随着访问客户 ID 号的读入,同时动态构建相应的二叉排序树(参见第 6.2.3 小节的相关解析)。然后,针对需要查询的 m 个客户 ID 号,可以利用该二叉排序树进行查询。此时,m 次查询的总时间复杂度为 $O(m\log_2 n)$。图 7-24 所示给出了相应的程序描述及解析。

```cpp
#include<bits/stdc++.h>
#define maxn 1000010
using namespace std;

struct node {  //树节点的结构
  int data, left, right;
} tree[maxn];

int tot = 0;  //树结构的节点位置指示

void insert( int rt, int x )
{ //在树结构中插入x, rt为当前树根位置
  if( tree[rt].data > x )
  { //在左子树中插入
    if( tree[rt].left )  //在左子树中查找插入的位置
      insert( tree[rt].left, x );
    else
    { //找到左子树中用于插入的位置（某个叶节点）并插入
      tree[++tot].data = x;
      tree[tot].left = tree[tot].right = -1;
      tree[rt].left = tot;  //插入
    }
  }
  if( tree[rt].data < x )
  { //在右子树中插入
    if( tree[rt].right )  //在右子树中查找插入的位置
      insert( tree[rt].right, x );
    else
    { //找到右子树中用于插入的位置（某个叶节点）并插入
      tree[++tot].data = x;
      tree[tot].left = tree[tot].right = -1;
      tree[rt].right = tot;  //插入
    }
  }
}

int query( int rt, int x )
{ //在树结构中查找x，rt为当前树根位置
  if( rt == -1 )  //空树或已经查找完
    return 0;
  if( tree[rt].data == x )  //树根位置的数据就是要找的x
    return 1;
  else if( tree[rt].data > x ) //缩小数据集规模，在左子树中继续查找
        return query( tree[rt].left, x );
      else //缩小数据集规模，在右子树中继续查找
        return query( tree[rt].right, x );
}
```

```
int main()
{
   int n, m;
   scanf( "%d %d", &n, &m );
   int x; scanf( "%d", &x );
   tree[0].data = x; tree[0].left = tree[0].right = 0;
   for( int i = 1; i < n; i++ )
   {
     scanf( "%d", &x );  insert( 0, x );
   }
   int s = 0;
   for( int i = 1; i <= m; i++ )
   {
     scanf( "%d", &x );
     if( query( 0, x ) )
       s++;
   }
   printf( "%d\n", s );
   return 0;
}
```

构建二叉排序树

利用二叉排序树查找

图 7-24 "*m* 次网络查询的拓展"问题求解的程序描述(基于树型数据组织结构)

【例 7-12】 画家问题(http://noi. openjudge. cn/ch0201/1815/)

问题描述:有一个正方形的墙,由 n * n 个正方形的砖组成,其中一些砖是白色的,另外一些砖是黑色的。Bob 是个画家,他想把全部的砖都涂成黑色。但他的画笔不好使,当他用画笔涂画第(i,j)个位置的砖时,位置(i−1,j)、(i+1,j)、(i,j−1)、(i,j+1)上的砖都会改变颜色(参见图 7-25 所示)。请你帮助 Bob 计算出最少需要涂画多少块砖,才能使所有砖的颜色都变成黑色。

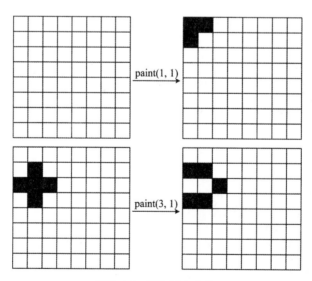

paint(1, 1)

paint(3, 1)

图 7-25 颜色转变规律

输入格式:第一行为一个整数 n(1 <=n <=15),表示墙的大小。接下来 n 行,表示墙的初始状态。每一行包含 n 个字符。第 i 行的第 j 个字符表示位于位置(i,j)上的砖的颜色。

"w"表示白砖,"b"表示黑砖。

输出格式:共一行,如果 Bob 能够将所有的砖都涂成黑色,则输出最少需要涂画的砖的数量,否则输出"inf"。

针对本题,首先由图 7-25 可知,每个砖最多涂一遍,因为涂两遍又回到原始状态。因此,每个砖有涂和不涂两种状态。于是,最直接自然的解决方法就是采用搜索方法,将所有砖的状态组合穷举一下,并判断整个方阵是否满足条件(即一种状态组合是否是一个可行的候选解)。最后,再找出候选解中涂画砖的数量最少的一个即可。这种直接搜索的方法,其时间复杂度较高(要穷举 2^{n^2} 种状态),对于给定的 n 的规模显然是无法满足的。

仔细分析题目并观察图 7-25 可以发现,第二行的状态可以由第一行的状态推算出来,第三行的状态可以由第二行的状态推算出来。因此,只要搜索第一行的各种状态组合,然后依次推算出第二行,第三行……即可穷举完所有的状态组合。按此方法,时间复杂度可以降为 $O(2^n * n^2)$。图 7-26 所示给出了相应的程序描述及解析。

```cpp
#include<bits/stdc++.h>
#define inf 0x3f3f3f3f   // 设定一个最大数,用于最小值求解时比较的初值
using namespace std;

int n,
    ans[20][20],   // 对应当前状态的涂色位置标记
    g[20][20],     // 输入的墙初始状态
    tmp[20][20],   // 临时存放墙的状态
    anss,          // 一个墙面状态中涂色的砖的数量
    minn = inf;
char s;

void Count()
{ // 统计一个墙状态中涂色的砖的数量,并更新最少涂色的砖的数量
    anss = 0;
    for( int i = 1; i <= n; i++ )          // 统计当前墙状态中
        for( int j = 1; j <= n; j++ )      // 涂色的砖的数量
            if( ans[i][j] == 1 ) anss++;
    minn = min( minn, anss );              // 更新最少涂色的砖的数量
}

void work()
{ // 依据第一行的当前状态,逐步推算后面各行的状态形成一个当前的墙状态
    int i, j, f = 0;
    memset( tmp, 0, sizeof( tmp ) );
    for( i = 1; i <= n; i++ )              // 从输入的原始
        for( j = 1; j <= n; j++ )          // 墙状态开始
            tmp[i][j] = g[i][j];
    for( i = 1; i <= n; i++ )
        if( ans[1][i] == 1 )               // 处理第一行的白色砖,将其变黑
        {                                  // (该位置也表示置涂色标记)
            tmp[1][i] = !tmp[1][i];
            tmp[1][i+1] = !tmp[1][i+1];
            tmp[1][i-1] = !tmp[1][i-1];
            tmp[2][i] = !tmp[2][i];
        }
    for( i = 2; i <= n; i++ )
        for( j = 1; j <= n; j++ )          // 逐步推算后面的各
            if( tmp[i-1][j] == 1 )         // 行,形成一个墙状态
            {
                tmp[i-1][j] = 0;
                ans[i][j] = 1;             // 置涂色标记(即该位置涂色一次)
                tmp[i][j] = !tmp[i][j];
                tmp[i][j+1] = !tmp[i][j+1];
                tmp[i][j-1] = !tmp[i][j-1];
                tmp[i+1][j] = ! tmp[i+1][j];
            }
    for( i = 1; i <= n; i++ )
        if( tmp[n][i] == 1 ) f = 1;        // 检查最后一行是否有白色砖
    if( f == 0 ) Count(); // 如果最后一行不存在白色砖,则当前墙状态是一个可行的候选解状态
}

void Dfs( int t )
{ // 通过搜索方法,穷举第一行的各种涂色状态
  // t 为第一行的列号
    if( t > n )                            // 第一行涂色状态已处理完
    {
        for( int i = 2; i <= n; i++ )      // 除第一行外后面各行的
            for( int j = 1; j <= n; j++ )  // 涂色(位置)的标记初
                ans[i][j] = 0;             // 始化为0(未涂色)
        work();   // 由第一行当前涂色状态逐步推算后面各行
        return;
    }
    ans[1][t] = 1; Dfs( t+1 ); // 第一行t列涂白色,穷举其他列状态
    ans[1][t] = 0; Dfs( t+1 ); // 第一行t列涂黑色,穷举其他列状态
}

int main()
{
    int i, j;
    cin >> n;
    for( i = 1; i <= n; i++ )
        for( j = 1; j <= n; j++ )
        {
            cin >> s;
            if( s == 'w' ) g[i][j] = 1;
            else g[i][j] = 0;
        }
    Dfs( 1 );   // 从第一行第一列开始穷举状态
    if( minn < inf ) cout << minn << endl;
    else cout << "inf";
}
```

图 7-26 "画家问题"求解的程序描述

图 7-26 所示的算法，本质上是一种降低维度的做法，即将 $n*n$ 规模的问题转变为多个 n 规模的问题。

本章小结

本章主要解析了程序设计中用于求解问题的基本方法——查找（或搜索）。从查找的目标类型、查找的具体方法以及各种优化方法几个层面，较为系统地给出了相应的解析。并且，将方法的解析统一在计算思维框架之下。

习　题

1. 讨论：查找与搜索有什么区别与联系？（提示：查找是搜索的退化或一种特殊情况，搜索一般是查找满足要求的一种轨迹、一种方案及其度量，例如：老鼠走迷宫问题中的最短的路及其长度、分油问题中的最少次数等。查找一般是寻找满足要求的一个具体目标，例如：某个指定的数据、最小的数据等。搜索的解一般具备线性或平面特性，而查找的解一般具备点特性）

2. 讨论：折半查找方法如何查找所有的解（即查找所有指定的 x）？

3. 讨论：二叉排序树搜索方法与折半查找方法有什么相似的地方和不同的地方？

4. 讨论：仔细分析图 7-5 和图 6-21 两者的树型层次数据组织结构的具体实现方法及其 C++ 描述。（提示：分别用面向批量数据组织的连续性和非连续性实现方法，参见第 2.5 小节的相关解析）

5. 搜索方法中，为了覆盖整个数据集并且不重复，往往需要一个辅助数据结构记录搜索轨迹及状态，该结构称为"活动表"。对于深度优先搜索和广度优先搜索，"活动表"分别采用什么数据组织结构？

6. 宽度优先搜索方法中，判重复的方法及其相应数据组织结构有哪些？

7. 记忆化搜索方法通常用于深度优先搜索的优化，它能不能用于宽度优先搜索的优化？请举例分析。

8. 讨论：图 7-7 所示的算法是深度优先搜索方法还是回溯方法？为什么？

   讨论：朴素穷举是否可以转换为回溯方法？如何转换？

   讨论：回溯法两个维度的长度是否固定的？请举例说明。

   讨论：相对于搜索方法，回溯法是如何节省存储空间的？

   讨论：求方案的度量值和求具体方案本身，两者有什么区别？为什么几乎所有试题都是求方案的度量值，而不是求具体方案本身？

9. 用 vector 标准积木块改造图 7-21、图 7-22 所示的程序，以精确地为原始数据集存放构建自适应的数据组织结构，以节省空间的开销。

10. 用回溯方法求解四色问题。

11. 趣味填数。在 3×3 的方格阵中，填入 $1 \sim n(n >= 10)$ 内的 9 个互不相同的正整数，使得所有相邻两个方格内的两个正整数之和为质数（图 7-27 所示是一种可能的填法）。求出满足该条件的所有填法。

1	2	3
6	5	8
7	12	11

12. 用回溯方法求解八皇后问题。

13. 求满足"整数数组 d 中前 n 个数据序列之和等于 total"的序列个数。

图 7-27 趣味填数示例

14. 求满足"将一个长度小于 15 位的数字串拆成 2 段，使其和为最小的素数"的方案个数。

15. 设有 n 个整数（3 <= n <= 10），将这些整数拼接起来，可以形成一个最大的整数。求拼接后的最大整数。

16. 01 背包问题。将 n 件物品放入一个背包，求一种方案，使得放入的物品重量正好等于背包能容纳的重量。完善图 7-28 所示的函数。

```
#include < iostream >
int knap( int s, int n )  // 第n个物品，当前背包可容纳重量为s
{ KNAPTP stack[100], x;
  int top, k = 0, rep;  // rep表示当前临时解是否合法
  x.s = s; x.n = n; x.job = 0; top = 1; stack[top] = x;  // 初始化临时解
  while ( ____(1)_____ )
  {
    x = stack[top]; rep = 1;
    while( !k && rep )
    {
      if (x.s == 0 ) k = 1;  // 找到最终解，输出
      else if ( x.s < 0 || x.n <= 0 ) rep = 0;  // 当前临时解非法，调整（可能回溯）
          else { x.s = ____(2)____; x.job = 1; ____(3)____ = x; }  // 扩展当前临时解
    }
    if ( !k )  // 当前临时解非法，调整（可能回溯）
    {
      rep = 1;
      while( top >= 1 && rep )
      {
        x = stack[top--];
        if ( x.job == 1 )
        { x.s += w[x.n+1]; x.job = 2; stack[++top] = x; ___(4)___; }
      }
    }
  }
  if (k)  // 找到最终解，输出
  {
    while( top >= 1 )
    { x = stack[top--]; if ( x.job == 1 ) cout << w[x.n+1] << ' '; }
  }
  return k;
}
```

KNAPTP
s n job
└── 物品是否放入
└── 物品号
└── 背包可容纳重量

图 7-28 01 背包问题的回溯法求解

17. 01 串组合。对于 n 位的 01 串，有 2^n 个组合模式。下列程序求解含有这些模式叠加的一个环状 01 串，请完善图 7-29 所示的程序。

```
#include < iostream >
#define N 1024
#define M 10
int  b[ N+M+1 ];
int equal( int k, int j, int m )
{
    int i;
    for( i = 0; i < m; i++ )
      if ( b[ k+I ] _____(1)_____ ) return 0;
    return 1;
}
int exchange( int k, int m,  int v )
{
    while( b[ k+m-1 ] == v )
    { b[ k+m-1 ] = !v;  _____(2)_____; }
    _____(3)_____  = v;  return k;
}
init ( int v )
{
    int k;
    for( k = 0; k < N+M-1; k++ )
      b[ k ] = v;
}
main()
{
    int m, v, k, n, j;
    cout << "Enter m(1<m<10), v(v=0,v=1)" << endl;
    cin >> m >> v;
    n = 0x01 << m; init( v ); k = 0; // 初始化临时解
    while ( ___(4)_____  < n ) // 扩展当前临时解
      for( j = 0; j < k; j++ )
        if ( equal( k, j, m )    // 当前临时解非法，调整（可能回溯）
          { k = exchange( k, m, v ); j = ____(5)_____; }
    for( k = 0; k < n; k++ ) // 找到最终解，输出
      printf( "%d\n", b[k] );
}
```

图 7-29 01 串组合问题的回溯法求解

18. 谁拿了最多奖学金（NOIP 2005 提高组第 1 题）

问题描述：某校的惯例是在每学期的期末考试之后发放奖学金。发放的奖学金共有五种，获取的条件各自不同：

1）院士奖学金，每人 8 000 元，期末平均成绩高于 80 分（>80），并且在本学期内发表 1 篇或 1 篇以上论文的学生均可获得；

2）五四奖学金，每人 4 000 元，期末平均成绩高于 85 分（>85），并且班级评议成绩高于 80 分（>80）的学生均可获得；

3）成绩优秀奖,每人 2 000 元,期末平均成绩高于 90 分(>90)的学生均可获得;

4）西部奖学金,每人 1 000 元,期末平均成绩高于 85 分(>85)的西部省份学生均可获得;

5）班级贡献奖,每人 850 元,班级评议成绩高于 80 分(>80)的学生干部均可获得;只要符合条件就可以得奖,每项奖学金的获奖人数没有限制,每名学生也可以同时获得多项奖学金。例如姚林的期末平均成绩是 87 分,班级评议成绩 82 分,同时他还是一位学生干部,那么他可以同时获得五四奖学金和班级贡献奖,奖金总数是 4 850元。

现在给出若干个学生的相关数据,请计算哪些同学获得的奖金总数最高(假设总有同学能满足获得奖学金的条件)。

输入格式:第一行是一个整数 N(1 <=N <=100),表示学生的总数。接下来的 N 行每行是一位学生的数据,从左向右依次是姓名,期末平均成绩,班级评议成绩,是否是学生干部,是否是西部省份学生,以及发表的论文数。姓名是由大小写英文字母组成的长度不超过 20 的字符串(不含空格);期末平均成绩和班级评议成绩都是 0 到 100 之间的整数(包括 0 和 100);是否是学生干部和是否是西部省份学生分别用一个字符表示,Y 表示是,N 表示不是;发表的论文数是 0 到 10 的整数(包括 0 和 10)。每两个相邻数据项之间用一个空格分隔。

输出格式:包括三行,第一行是获得最多奖金的学生的姓名,第二行是这名学生获得的奖金总数。如果有两位或两位以上的学生获得的奖金最多,输出他们之中在输入文件中出现最早的学生的姓名。第三行是这 N 个学生获得的奖学金的总数。

样例输入:

4

YaoLin 87 82 Y N 0

ChenRuiyi 88 78 N Y 1

LiXin 92 88 N N 0

ZhangQin 83 87 Y N 1

样例输出:

ChenRuiyi

9 000

28 700

19. 笨小猴(NOIP 2008 提高组第 1 题)

【问题描述】

笨小猴的词汇量很小,所以每次做英语选择题的时候都很头疼。但是他找到了一种方法,经试验证明,用这种方法去选择选项的时候选对的概率非常大!

这种方法的具体描述如下:假设 maxn 是单词中出现次数最多的字母的出现次数,minn 是单词中出现次数最少的字母的出现次数,如果 maxn-minn 是一个质数,那么笨小猴就认为这是个 Lucky Word,这样的单词很可能就是正确的答案。

【输入格式】

只有一行,是一个单词,其中只可能出现小写字母,并且长度小于100。

【输出格式】

共两行,第一行是一个字符串,假设输入的单词是 Lucky Word,那么输出"Lucky Word",否则输出"No Answer";

第二行是一个整数,如果输入单词是 Lucky Word,输出 maxn − minn 的值,否则输出 0。

【样例 1 输入】

error

【样例 1 输出】

Lucky Word

2

【样例 1 解释】

单词 error 中出现最多的字母是 r,共出现了 3 次;出现最少的字母是 e 或 o,共出现 1 次,于是 3 − 1 = 2,并且 2 是质数。

【样例 2 输入】

olymipic

【样例 2 输出】

No Answer

0

【样例 2 解释】

单词 olymipic 中出现最多的字母 i 出现了 2 次,出现次数最少的字母出现了 1 次,2 − 1 = 1,1 不是质数。

20. 无线网站发射器选址(NOIP 2014 提高组 day2 第 1 题)

【问题描述】

随着智能手机的日益普及,人们对无线网的需求日益增大。某城市决定对城市内的公共场所覆盖无线网。假设该城市的布局为由严格平行的 129 条东西向街道和 129 条南北向街道所形成的网格状,并且相邻的平行街道之间的距离都是恒定值 1。

东西向街道从北到南依次编号为 0, 1, 2, …, 128,南北向街道从西到东依次编号为 0, 1, 2, …, 128。东西向街道和南北向街道相交形成路口,规定编号为 x 的南北向街道和编号为 y 的东西向街道形成的路口的坐标是 (x, y)。

在某些路口存在一定数量的公共场所。由于政府财政问题,只能安装一个大型无线网络发射器。

该无线网络发射器的传播范围是一个以该点为中心,边长为 2 * d 的正方形。传播范围包括正方形边界。例如图 7-30 是一个 d = 1 的无线网络发射器的覆盖范围示意图。现在政府有关部门准备安装一个传播参数为 d 的无线网络发射器,希望你帮助他们在城市内找出合适的安装地点,使得覆盖的公共场所最多。

【输入格式】

第一行包含一个整数 d,表示无线网络发射器的传播距离。

第二行包含一个整数 n,表示有公共场所的路口数目。

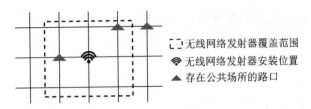

图7-30 d=1的无线网络发射器的覆盖范围示意图

接下来n行,每行给出三个整数 x,y,k, 中间用一个空格隔开,分别代表路口的坐标(x,y)以及该路口公共场所的数量。

同一坐标只会给出一次。

【输出格式】

输出一行,包含两个整数,用一个空格隔开。分别表示能覆盖最多公共场所的安装地点方案数,以及能覆盖的最多公共场所的数量。

【样例输入】

1

2

4 4 10

6 6 20

【样例输出】

1 30

【数据规模】

$1 <= d <= 20$,$1 <= n <= 20$,$0 <= x <= 128$,$0 <= y <= 128$,$0 < k <= 1\,000\,000$

21. 奶酪(NOIP2017 提高组 day2 第1题)

【问题描述】

现有一块大奶酪,它的高度为 h,它的长度和宽度我们可以认为是无限大的,奶酪中间有许多半径相同的球形空洞。我们可以在这块奶酪中建立空间坐标系,在坐标系中,奶酪的下表面为 $z=0$,奶酪的上表面为 $z=h$。

现在,奶酪的下表面有一只小老鼠 Jerry,它知道奶酪中所有空洞的球心所在的坐标。如果两个空洞相切或是相交,则 Jerry 可以从其中一个空洞跑到另一个空洞,特别地,如果一个空洞与下表面相切或是相交,Jerry 则可以从奶酪下表面跑进空洞;如果一个空洞与上表面相切或是相交,Jerry 则可以从空洞跑到奶酪上表面。

位于奶酪下表面的 Jerry 想知道,在不破坏奶酪的情况下,能否利用已有的空洞跑到奶酪的上表面去?

空间内两点 P1(x1,y1,z1)、P2(x2,y2,z2)的距离公式如下:

$$\mathrm{dist}(P_1, P_2) = \sqrt{(x_1 - x_2)^2 + (y_1 - y_2)^2 + (z_1 - z_2)^2}$$

【输入格式】

每个输入文件包含多组数据。

输入文件的第一行,包含一个正整数 T,代表该输入文件中所含的数据组数。

接下来是 T 组数据,每组数据的格式如下:

第一行包含三个正整数 n, h 和 r,两个数之间以一个空格分开,分别代表奶酪中空洞的数量,奶酪的高度和空洞的半径。

接下来的 n 行,每行包含三个整数 x、y、z,两个数之间以一个空格分开,表示空洞球心坐标为(x, y, z)。

【输出格式】

输出文件包含 T 行,分别对应 T 组数据的答案,如果在第 i 组数据中,Jerry 能从下表面跑到上表面,则输出"Yes",如果不能,则输出"No"(均不包含引号)。

【样例输入】

3

2 4 1

0 0 1

1 1 3

2 5 1

0 0 1

0 0 4

2 5 2

0 0 2

2 0 4

【样例输出】

Yes

No

Yes

【样例 1 说明】

第一组数据,由奶酪的剖面图(参见图 7-31(a))可见:第一个空洞在(0,0,0)与下表面相切,第二个空洞在(0,0,4)与上表面相切,两个空洞在(0,0,2)相切。

输出 Yes

第二组数据,由奶酪的剖面图(参见图 7-31(b))可见:两个空洞既不相交也不相切。

输出 No

第三组数据,由奶酪的剖面图(参见图 7-31(c))可见:两个空洞相交,且与上下表面相切或相交。

输出 Yes

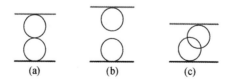

图 7-31 奶酪的剖面图

【数据规模与约定】

对于 20% 的数据，n＝1，1＜＝h，r＜＝10 000，坐标的绝对值不超过 10 000。

对于 40% 的数据，1＜＝n＜＝8，1＜＝h，r＜＝10 000，坐标的绝对值不超过 10 000。

对于 80% 的数据，1＜＝n＜＝1 000，1＜＝h，r＜＝10 000，坐标的绝对值不超过 10 000。

对于 100% 的数据，1＜＝n＜＝1 000，1＜＝h，r＜＝1 000 000 000，T＜＝20，坐标的绝对值不超过 1 000 000 000。

22. 图书管理员（NOIP2017 普及组第 2 题）

【问题描述】

图书馆中每本书都有一个图书编码，可以用于快速检索图书，这个图书编码是一个正整数。

每位借书的读者手中有一个需求码，这个需求码也是一个正整数。如果一本书的图书编码恰好以读者的需求码结尾，那么这本书就是这位读者所需要的。

小 D 刚刚当上图书馆的管理员，她知道图书馆里所有书的图书编码，她请你帮她写一个程序，对于每一位读者，求出他所需要的书中图书编码最小的那本书，如果没有他需要的书，请输出 −1。

【输入格式】

输入的第一行，包含两个正整数 n 和 q，以一个空格分开，分别代表图书馆里书的数量和读者的数量。

接下来的 n 行，每行包含一个正整数，代表图书馆里某本书的图书编码。

接下来的 q 行，每行包含两个正整数，以一个空格分开，第一个正整数代表图书馆里读者的需求码的长度，第二个正整数代表读者的需求码。

【输出格式】

输出有 q 行，每行包含一个整数，如果存在第 i 个读者所需要的书，则在第 i 行输出第 i 个读者所需要的书中图书编码最小的那本书的图书编码，否则输出 −1。

【样例输入】

5 5
2 123
1 123
23
24
24
2 23
3 123
3 124
2 12
2 12

【样例输出】

23

1 123

-1

-1

-1

【样例说明】

第一位读者需要的书有2 123、1 123、23,其中23是最小的图书编码。第二位读者需要的书有2 123、1 123,其中1123是最小的图书编码。对于第三位,第四位和第五位读者,没有书的图书编码以他们的需求码结尾,即没有他们需要的书,输出-1。

【数据规模与约定】

对于20%的数据,1 <= n <= 2。另有20%的数据,q = 1。

另有20%的数据,所有读者的需求码的长度均为1。

另有20%的数据,所有的图书编码按从小到大的顺序给出。

对于100%的数据,1 <= n <= 1 000,1 <= q <= 1 000,所有的图书编码和需求码均不超过10 000 000。

23. 棋盘(NOIP2017普及组第3题)

【问题描述】

有一个 m×m 的棋盘,棋盘上每一个格子可能是红色、黄色或没有任何颜色的。你现在要从棋盘的最左上角走到棋盘的最右下角。

任何一个时刻,你所站在的位置必须是有颜色的(不能是无色的),你只能向上、下、左、右四个方向前进。当你从一个格子走向另一个格子时,如果两个格子的颜色相同,那你不需要花费金币;如果不同,则你需要花费1个金币。

另外,你可以花费2个金币施展魔法让下一个无色格子暂时变为你指定的颜色。但这个魔法不能连续使用,而且这个魔法的持续时间很短,也就是说,如果你使用了这个魔法,走到了这个暂时有颜色的格子上,你就不能继续使用魔法;只有当你离开这个位置,走到一个本来就有颜色的格子上的时候,你才能继续使用这个魔法,而当你离开了这个位置(施展魔法使得变为有颜色的格子)时,这个格子恢复为无色。

现在你要从棋盘的最左上角,走到棋盘的最右下角,求花费的最少金币是多少?

【输入格式】

数据的第一行包含两个正整数 m, n,以一个空格分开,分别代表棋盘的大小,棋盘上有颜色的格子的数量。

接下来的 n 行,每行三个正整数 x, y, c,分别表示坐标为(x, y)的格子有颜色 c。其中 c = 1 代表黄色,c = 0 代表红色。相邻两个数之间用一个空格隔开。棋盘左上角的坐标为(1, 1),右下角的坐标为(m, m)。

棋盘上其余的格子都是无色。保证棋盘的左上角,也就是(1, 1)一定是有颜色的。

【输出格式】

输出一行,一个整数,表示花费的金币的最小值,如果无法到达,输出 -1。

【样例输入】

5 7

1 1 0

1 2 0

2 2 1

3 3 1

3 4 0

4 4 1

5 5 0

【样例输出】

8

【数据规模与约定】

对于30%的数据,1<=m<=5,1<=n<=10。

对于60%的数据,1<=m<=20,1<=n<=200。

对于100%的数据,1<=m<=100,1<=n<=1 000。

24. 统计单词数(NOIP 2011普及组第2题)

【问题描述】

一般的文本编辑器都有查找单词的功能,该功能可以快速定位特定单词在文章中的位置,有的还能统计出特定单词在文章中出现的次数。

现在,请你编程实现这一功能,具体要求是:给定一个单词,请你输出它在给定的文章中出现的次数和第一次出现的位置。注意:匹配单词时,不区分大小写,但要求完全匹配,即给定单词必须与文章中的某一独立单词在不区分大小写的情况下完全相同(参见样例1),如果给定单词仅是文章中某一单词的一部分则不算匹配(参见样例2)。

【输入格式】

第1行为一个字符串,其中只含字母,表示给定单词;

第2行为一个字符串,其中只可能包含字母和空格,表示给定的文章。

【输出格式】

只有一行,如果在文章中找到给定单词则输出两个整数,两个整数之间用一个空格隔开,分别是单词在文章中出现的次数和第一次出现的位置(即在文章中第一次出现时,单词首字母在文章中的位置,位置从0开始);如果单词在文章中没有出现,则直接输出一个整数 -1。

【样例输入1】

To

to be or not to be is a question

【样例输出1】

2 0

【样例输入2】

to

Did the Ottoman Empire lose its power at that time

【样例输出 2】

　－1

【样例 2 说明】

表示给定的单词 to 在文章中没有出现,输出整数 －1。

【数据规模与约定】

1 <= 单词长度 <= 10。

1 <= 文章长度 <= 1 000 000。

25. 网线主管

【问题描述】

仙境的居民们决定举办一场程序设计区域赛。裁判委员会完全由自愿组成,他们承诺要组织一次史上最公正的比赛。他们决定将选手的电脑用星形拓扑结构连接在一起,即将它们全部连到一个单一的中心服务器。为了组织这个完全公正的比赛,裁判委员会主席提出要将所有选手的电脑等距离地围绕在服务器周围放置。

为购买网线,裁判委员会联系了当地的一个网络解决方案提供商,要求能够提供一定数量的等长网线。裁判委员会希望网线越长越好,这样选手们之间的距离可以尽可能远一些。

该公司的网线主管承接了这个任务。他知道库存中每条网线的长度(精确到厘米),并且只要告诉他所需的网线长度(精确到厘米),他都能够完成对网线的切割工作。但是,这次,所需的网线长度并不知道,这让网线主管不知所措。

你需要编写一个程序,帮助网线主管确定一个最长的网线长度,并且按此长度对库存中的网线进行切割,能够得到指定数量的网线。

【输入格式】

第一行包含两个整数 N 和 K,以单个空格隔开。N(1 <= N <= 10 000)是库存中的网线数,K(1 <= K <= 10 000)是需要的网线数量。

接下来 N 行,每行一个数,为库存中每条网线的长度(单位:米)。所有网线的长度至少 1 m,至多 100 km。输入中的所有长度都精确到厘米,即保留到小数点后两位。

【输出格式】

网线主管能够从库存的网线中切出指定数量的网线的最长长度(单位:米)。必须精确到厘米,即保留到小数点后两位。

若无法得到长度至少为 1 cm 的指定数量的网线,则必须输出"0.00"(不包含引号)。

【样例输入】

4.11

8.02

7.43

4.57

5.39

【样例输出】

2.00

26. 森林里的笨笨熊要乔迁新居,它已经将所有物品打包并约了朋友来帮忙。笨笨熊选择了国庆节搬家,因为只有这个时间朋友们才有时间。从笨笨熊现在的房子到新的豪宅,所经之处有山有水,路途曲折,甚至有些道路根本不通。请你帮助笨笨熊一起查看指定的地图,能否从笨笨熊现在的房子到新房之间找到畅通的道路。

地图由 R 行、C 列的矩阵构成,矩阵的每个格子刚好是一天的行程。矩阵由"B""－""#""H"四种字符组成,其中:"B"表示笨笨熊现在的房子,"H"表示笨笨熊的新豪宅,"－"表示可以通行的道路,"#"表示无法通过的地段(高山或大河)。此外,森林里也有交通规则,即在任何位置只能向上、下、左、右四个方向中的一个方向行走。

输入格式:第一行两个整数 R 和 C,表示地图的大小。接下来给出一个 R 行 C 列的矩阵,表示地图。

输出格式:一行,含一个字母和一个整数。字母 Y 表示有通路,N 表示无通路;如有通路,给出通路的长度,如没有通路,长度为 0。

第 8 章 "m + n" 的游戏

8.1 什么是 "m + n"

"m + n" 是基于计算思维原理的程序设计应用方法,其中,"m" 表示由各种各样的应用问题处理小方法构成的集合,相当于程序应用的"积木库",它是依据第 5 章和第 6 章两种基本的程序"积木块"构造基本规则、面向各种各样应用问题处理所归纳和提炼出来的方法和经验总结;"n" 表示由小方法之间的各种组合关系构成的集合,相当于"积木库"中积木的基本搭建方法。因此,程序设计应用就是一个"m + n"的游戏。或者说,程序设计应用可以由二元组(m,n)来定义。

显然,相对于"2 + 3"的游戏和"5 + 2"的游戏,"m + n"的游戏更加神奇、刺激和充满创新的火花,魅力无穷。一方面,"m"和"n"属于应用范畴,是基于"2 + 3"游戏和"5 + 2"游戏的游戏。与"2 + 3"和"5 + 2"不同,"m"和"n"是开放的、无限的,它随着程序设计应用的发展而不断发展;另一方面,"m"和"n"又是灵活的,它们充满着人类的智慧,激发人类的思维潜能,充分展现了人类创造的价值。正是如此,使得程序设计的能量和威力巨大,这也正是神奇宝贝小 C 的神奇之源。

8.2 构建自己的 "m"

生活在泛计算时代,每个人都应该构建自己的"m"。对于程序设计而言,"m"的构建是基础,它可以培养程序设计学习的正确思维并提高学习效率,特别是促进"n"的学习效率。

"m"的构建可以分为两个逻辑层次,第一个层次是显性、直观的,就是将各种各样不同粒度的小方法归纳和提炼。例如:前面各章中已经涉及的"两数交换""求最值""回文串""打图形""有序序列合并"以及各种排序方法、搜索方法、回溯方法等。另外,伴随着自身程序设计的学习和应用实践过程,随时都要进行归纳和总结,不断丰富自己的"m"。特别是,对于同一个问题的处理,每个人可以创造出不同的方法。例如:各种排序方法等。

相对于第一个层次,"m"构建的第二个层次是隐性、非直观的,其思维要求和抽象级别也高于第一个层次。具体而言,是在第一个层次基础上,进行应用模式的总结,即在各种小方法中挖掘它们的关联规律并抽象出各种独立于具体语言和环境、针对某一类问题处理的方法骨架。例如:对于第 3 章的有序序列合并方法可以将其提升为一种应用模式,该模式可以作用于有序数组合并、有序链表合并、多项式运算、高精度数运算等多种相似的具体应用场景。对于回溯方法,抽象出回溯应用模式(参见图 7-15),该模式可以作用于搜索、非递归(即基于用户栈的递归方法)、背包问题等多种具体应用场景。

事实上,"m"的第一个层次相当于是具体的,例如:3 + 5、6 + 12 等;而"m"的第二个层次则是抽象的,例如:x + y、p + q 等。它们是从实践到理论的过程,有了理论才能指导更多的实践。因此,相对于"m"的第一个层次,"m"的第二个层次更有价值和意义,它也是学习的最终目标,直接决定个人能力的发展。有关程序设计应用模式的概念及应用等,在此不再展开,读者可以参见参考文献[2],[3]。

8.3 学会"n"

一般而言,程序设计中最基本的"n"主要有堆叠和嵌套两种,如图 8-1 所示。

图 8-1 方法的堆叠与嵌套

其中,堆叠是指将"m"中的两个小方法先后串行使用,嵌套是指将"m"中的两个小方法先外后内综合使用,嵌套又可以分为真嵌套(内外两个小方法各自独立)和铰链嵌套(内外两个小方法有铰链)两种。真嵌套的实际应用价值不大,一方面,方法 1 与方法 2 既然是相互独立的,因此,方法 2 完全可以提取到方法 1 的外面,即退化为堆叠的一种具体表现。另一方面,既然是嵌套,显然方法 2 的执行必然与方法 1 存在一定的关系,如此就成为铰链嵌套的一种最简形态。例 8-1 和例 8-2 分别给出了堆叠和铰链嵌套的应用示例及其解析。从逻辑上看,"n"的每一个元素都是堆叠和嵌套两种基本元素的一种应用或者说是基于堆叠和嵌套两种基本元素的一种智力游戏创新。

显然,"n"比"m"更加重要,其创新特征也更加显著,其思维的维度和弹性也比较大。因为相对于"m"的独立性而言,"n"需要处理多个"m"的搭建关系。因此,程序设计应用的思维难度相对较大。

【例 8-1】 任意给一个三位数,计算它和它的反向数之和,如果和数不是回文数,则对和数继续按上述方法求和,直到得到回文形式的和数或者和数位数超过 15 位。

对于本题,显然涉及数字分解、回文数判断两个小方法。另外,重复执行规则时,和数越来越大,会超过基本数据类型的表达范围,因此,还需要采用高精度表示及运算小方法。依据题目的要求,三个小方法构成堆叠结构。具体程序描述及解析如图 8-2 所示。

值得注意的是,图 8-2 中,求反向数没有采用数字合并小方法(参见例 3-12、图 4-4),而是在求和运算时直接借用原数的高精度表示,通过其下标的运算处理实现。

```
#include <iostream>

int main()
{
    int a[18] = { 0 }, b[18] = { 0 };
    int n, m, p = 0;
    bool flag = false;

    cin >> n;                              ①将n转换为
    while( n > 0 )                           高精度表示
    { a[++p] = n % 10;  n /= 10; }
    a[0] = p; //位数

    while( !flag )                         ②基于高精度表
    {                                        示的原数和其
                                             反向数的求和
        d = 0;
        m = a[0]; //原数位数      原数当前位
        for( int i = 1; i <= m; i++ )    反向数当前位
        {
            b[i] = a[i] + a[ m - i + 1 ] + d; // 当前位相加
            d = b[i] / 10; // 进位
            b[i] = b[i] % 10; // 当前位数字
        }
        if( d > 0 ) //产生进位
            b[ ++m ] = d;
        b[0] = m; // 和数位数

        flag = true;                       ③检验和数是
        for(int 1 = 1; i < m / 2; i++ )      否为回文数
            if( b[i] <> b[ m - i + 1 ] )
            { flag = false; break; }       ①②③堆叠

        for( int i = 0; i <= m; i++) // 和数作为原数，继续按规则进行
            a[i] = b[i];
    }

    for( int i = 1; i <= m; i++)           cout << a[ m - i + 1 ];
    return 0;
}
```

图 8-2 小方法的堆叠

【例 8-2】 马走日

问题描述：在中国象棋里，马以"日"字形规则移动。给定 n * m 大小的棋盘，以及马的初始位置(x, y)，请输出遍历完棋盘所有格子的一种可行的马的行走方案，要求不能重复经过棋盘上的同一个点。

输入格式：一行，含四个整数 n, m, x, y, $1 <= x <= n, 1 <= y <= m$, $n < 15$, $m < 15$，分别表示棋盘的大小 n * m，以及马的初始位置坐标(x, y)。

输出格式：n 行，每行 m 个整数，表示马能遍历整个棋盘的一种可行方案。

由于本题需要找到一种不断行走直至覆盖整个棋盘的可行方案，符合深度优先方法的应用场景，可以采用深度优先方法来解决。通过不断枚举当前位置(x, y)的八个方向，一步步深入推进即可，时间复杂度为 8^{m+n}。图 8-3 所示给出了相应的程序描述及解析。

为了降低时间复杂度，一个可行的优化方法是，每步选择八个方向中下一步可以行走的

方案数比较少的那个方向,这样可以保证剩下格子可以跳的方向越来越少(即相当于优化搜索的顺序/缩小搜索的范围)。在此,前进方向的选择处理(每跳一步都需要对相邻格子进行处理,计算出每个格子可以进一步跳的方向数并进行由小到大排序,参考图 8-4 所示程序的 work1 函数;以及跳完后还要进行状态还原,参考图 8-4 所示程序的 work2 函数)与搜索方法两者之间就是铰链嵌套的典型应用,铰链就是 dir 数组。

```cpp
#include <bits/stdc++.h>
using namespace std;

int a[20][20];
int dx[10] = { 0, -1, -2, -2, -1, 1, 2, 2, 1 }, //当前位置8个方向可跳位置的位移
    dy[10] = { 0, -2, -1, 1, 2, 2, 1, -1, -2 };
int n, m, x, y,
    flag = 0; //是否找到一种方案的标志

void print()
{ //输出方案
  for( int i = 1; i <= n; i++ )
  {
    for(int j = 1; j < m; j++ )
      cout << a[i][j] << " ";
    cout << a[i][m] << endl;
  }
}

void dfs( int x, int y, int step )
{
  if( flag ) return;  //找到一种路径,结束搜索过程
  if( step == m*n ) { flag = 1; print(); return; } //覆盖整个棋盘,找到路径,输出方案
  for( int i = 1; i <= 8; i++ ) //穷举当前位置的8个方向
  {
    int xx = x+dx[i], yy = y+dy[i]; //跳一步
    if( xx > 0 && xx <= n && yy > 0 && yy <= m && !a[xx][yy] )
    { //新位置合法
      a[xx][yy] = step+1; //用步数置新位置
      dfs( xx, yy, step+1 ); //前进一步继续搜索(即缩小数据集规模,用相同方法继续处理)
      a[xx][yy] = 0; //回复状态,以便其他方向的穷举
    }
  }
}
int main()
{
  cin >> n >> m >> x >> y;
  memset( a, 0, sizeof(a) ); //棋盘格子初始化为0
  a[x][y] = 1; //起始格子置第1步
  dfs( x, y, 1 ); //开始搜索
  return 0;
}
```

图 8-3 "马走日"问题的求解(搜索方法)

```
#include <bits/stdc++.h>
using namespace std;

int a[20][20];   // 存储最终方案
int dx[10] = { 0, -1, -2, -2, -1, 1, 2, 2, 1 },  // 当前位置8个方向可跳位置的位移
    dy[10] = { 0, -2, -1, 1, 2, 2, 1, -1, -2 };
int n, m, x, y,
    flag = 0;   // 是否找到一种方案的标志
int num[20][20];  // 存储每个格子可以继续前进的方向数
struct node{ int pos, data; };
node dir[10];   // 当前位

bool operator<( node x, node y )   // 重载小于运算
{ return x.data < y.data; }

void init()
{  // 统计每个格子可以继续前进的方向数目
   memset( num, 0, sizeof(num) );
   for( int x = 1; x <= n; x++ )
     for( int y = 1; y <= m; y++ )
       for( int i = 1; i <= 8; i++ )
       {
         int xx = x + dx[i], yy = y + dy[i];
         if( xx > 0 && xx <= n && yy > 0 && yy <= m && !a[xx][yy] )
           num[x][y]++;
       }
}
void print()
{ // 输出方案
   for( int i = 1; i <= n; i++ )
   {
     for( int j = 1; j < m; j++ )
       cout << a[i][j] << " ";
     cout << a[i][m] << endl;
   }
}
void print2()
{ // 输出每个格子可以继续前进的方向数目
   for( int i = 1; i <= n; i++ )
   {
     for( int j = 1; j < m; j++ )
       cout << num[i][j] << " ";
     cout << num[i][m] << endl;
   }
}
void work1( int x, int y )
{
   for( int i = 1; i <= 8; i++ )
   {
     int xx = x + dx[i], yy = y + dy[i];
     if( xx > 0 && xx <= n && yy > 0 && yy <= m && !a[xx][yy] )
       num[x][y]--;   // 选择该方向，可以走的方向数目减1
     dir[i].data = num[x][y]; dir[i].pos = i; // 记录当前选择的方向，以便向此方向前进一步
   }
   sort( dir+1, dir+9 ); // 对当前位置8个前进方向按照其下一步可以继续前进的方向的数目重新排序，
                         // dir[1]为最小
}
void work2( int x, int y )
{ // 与work1对应，回溯到当前位置时恢复其可继续前进的方向数目
   for( int i = 1; i <= 8; i++ )
   {
     int xx = x + dx[i], yy = y + dy[i];
     if( xx > 0 && xx <= n && yy > 0 && yy <= m && !a[xx][yy] )
       num[x][y]++;
   }
}
void dfs( int x, int y, int step )
{
   if( step == m*n ) { flag = 1; print(); return; } // 覆盖整个棋盘，找到路径，输出方案
   for( int i = 1; i <= 8; i++ ) // 穷举当前位置的8个方向
   {
     int xx = x + dx[dir[i].pos], yy = y + dy[dir[i].pos]; // 向选定的方向跳一步
     if( xx > 0 && xx <= n && yy > 0 && yy <= m && !a[xx][yy] )
```

```
    { // 新位置合法
        a[xx][yy] = step+1; // 用步数置新位置状态（即已搜索过）
        work1( xx, yy ); // 为新位置选择一个继续前进的方向（其下一步继续前进方向数目尽量少）
        dfs( xx, yy, step+1 ); // 以新位置继续搜索（即缩小数据集规模，用同样方法继续处理）
        a[xx][yy] = 0; // 恢复状态（即没有搜索过），以便其他方向的穷举
        work2( xx, yy ); // 恢复新位置可以前进的方向数目
    }
  }
}
int main()
{
    memset( a, 0, sizeof(a) );
    cin >> n >> m >> x >> y;
    a[x][y] = 1; // 起始格子置第1步（该位置已搜索过）
    init(); // 统计每个格子可以继续前进的方向数目
    work1( x, y ); // 为当前位置选择一个继续前进的方向（其下一步继续前进方向数目尽量少）
    dfs( x, y, 1 ); // 开始搜索
    return 0;
}
```

图 8-4 "马走日"问题的求解（带优化的搜索方法）

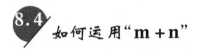

8.4 如何运用"m + n"

8.4.1 学习的思维桥梁

"m + n"的学习应该遵循一定的顺序，这个顺序的背后也是正确学习程序设计方法的途径。由于程序设计的学习，涉及相对较大的思维维度和跨度，因此，"m + n"的学习一般具有如图 8-5 所示的思维桥梁。

图 8-5 的下半部分是学习程序设计的基本思维轨迹，图 8-5 的上半部分是学习程序设计的高级思维轨迹，跨越由基本思维轨迹向高级思维轨迹提升和进化的桥梁，是一个

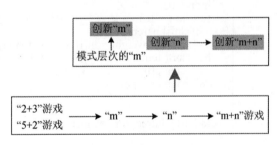

图 8-5 "m + n"学习的思维桥梁

由量变到质变的过程，它不仅仅需要汗水和勤奋，更需要科学训练方法的指导。

8.4.2 难题的奥秘

所谓难题，本质上就是涉及"m"中元素的应用由 1 个到多个综合、"n"中元素的应用由 1 个到多个综合以及它们针对具体题目的创新应用，这些创新应用的经验归纳和抽象又可以不断扩展"m"和"n"。

从思维的角度看，难题本质上是一种维度的拓展，即"m"的维度拓展、"n"的维度拓展以及"m + n"的维度拓展。然而，复杂就是简单，多维就是一维。更进一步，难题的进化主要就是实现图 8-5 的上部分思维轨迹的具体运用。因此，伴随着自身程序设计应用的实践，认识、理解和感悟这个道理，实现图 8-5 所示思维桥梁的跨越，自然就会成长为程序设计大牛。

【例 8-3】 合并果子

依据例 2-10 的分析,本题的求解需要用到如下几个"m":(1)通过"2 + 3"游戏构建一个小根堆结构;(2)堆排序,用以不断产生两个重量最小的果子堆;(3)通过"2 + 3"游戏构建一个结构体,并构建 Huffman 树;(4)统计。这几个"m"之间的关系既包括堆叠,也包括铰链嵌套。具体而言,(1)和(2)是铰链嵌套,(1)、(2)和(3)也是铰链嵌套,(3)和(4)之间是堆叠。图 8-6(a)所示给出了相应的程序描述及解析。

```cpp
#include <iostream>
#include <stdlib.h>
#define N 30000
using namespace std;

int a[N+1], pos = 0; // 记录果子的合并过程（即huffman树的合并过程）
typedef struct    // huffman树的结点结构
{
    int weight;
    int parent, lchild, rchild;
} htnode;
```
对标准方法做局部调整：1）对 a[].weight 进行排序；2）排序时同步对 a[].pos 进行调整

```cpp
void heapsort( int a[], int n ) // 参见图6-15
{ ... }

void select( htnode ht[], int k, int *s1, int *s2 ) // 选择当前结点集中两个最小的数据
{
    struct { int weight; int pos; } temp[k];
    int p = 0;
    for( int i = 1; i <= k; i++ ) // 去掉当前结点集中已合并过的结点
        if( ht[i].parent == 0 )
        { temp[p].weight = ht[i].weight; temp[p++].pos = i; }
    heapsort( temp, p ); // 当前结点集中未合并过的结点进行排序
    *s1 = temp[0].pos; // 选择两个最小的数据
    *s2 = temp[1].pos;
}

void huffmantree( htnode ht[], int hc[], int n ) // 以hc[]中的n个数据构建哈夫曼树ht[]
{
    int i, m, s1, s2;
    m = 2*n-1;   // 哈夫曼树的结点个数
    for( i = 1; i <= m; i++ ) // 初始化每个结点
    {
        if( i <= n )   // 叶子结点
            ht[i].weight = hc[i]; // 结点的权值等于数据本身
        else
            ht[i].weight = 0;   // 中间非叶子结点的权值置0
        ht[i].parent = ht[i].lchild = ht[i].rchild = 0; // 所有结点无关联，各自独立
    }
    for( i = n+1; i <= m; i++ ) // 执行合并过程，建立结点之间的关联，最终构建哈夫曼树
    {
        select( ht, i-1, &s1, &s2 ); // 选择两个最小的数据
        ht[s1].parent = i; ht[s2].parent = i;
        ht[i].lchild = s1; ht[i].rchild = s2;
        ht[i].weight = ht[s1].weight + ht[s2].weight;
        a[pos++] = ht[i].weight;   // 将本次合并结果记录在数组a中
```

执行合并（建立结点之间的关联）

```
  }
}
int main()
{
    int n, i, j, s = 0;
    htnode ht[N+1]; // huffman树结构
    int hc[N+1]; // 存放每种果子的原始数目
    cin >> n;
    for( i = 1; i <= n; i++ ) // 输入每种果子的数目
    {
        cin >> hc[i];
    }
    huffmantree( ht, hc, n ); // 构建huffman树
    for( j = 0; j < pos; j++ ) // 统计（**每个数据中已经包含其参与合并的次数**）
        s += a[j];
    cout << s << endl;
    return 0;
}
```

(a) 基于 Huffman 树 + 堆排序的解决方案

```
#include <iostream>
#include <cstdio>
#include <cstdlib>
#include <cmath>
using namespace std;

int n, a[30001];

void heapdown( int m, int n ) // 堆调整（参见图6-13）
{
    int i;
    while( m+m <= n )
    {
        i = m+m;
        if( i < n && a[i] > a[i+1] ) // 选择m的两个子女中最小的一个（参见图6-11）
            i++;
        if( a[m] > a[i] ) // 子女是否比父亲小？
        {
            swap( a[i], a[m] ); // 如果子女比父亲小，则通过"两数交换"小方法进行交换
            m = i;  // 向下继续调整（参见图6-13）
        }
        else
            return;
    }
}
void init()
{ // 从文件中输入每种果子的数目
    int i;
    scanf( "%d", &n );
    for( i = 1; i <= n; i++ )
        scanf( "%d", &a[i] );
}

void slove()
{
    int i, sum = 0;
    for( i = n / 2; i > 0; i-- ) // 通过"堆调整"小方法构建初始堆
```

```
            heapdown( i, n );
        while( n > 1 ) // 执行合并的过程
        {
            swap( a[1], a[n] ); // 通过"两数交互"小方法取当前数据集的最小数据
            heapdown( 1, n-1 ); // 除最小数据外，其他数据构成新的当前数据集。
                             // 通过"堆调整"小方法调整堆
            n--; // 新的当前数据集的规模
            swap( a[1], a[n] ); // 通过"两数交互"小方法取当前数据集的最小数据
            heapdown( 1, n-1 ); // 通过"堆调整"小方法调整堆（为下次合并做准备）
            a[n] += a[n+1]; // 一次合并，两个最小数据a[n]和a[n+1]合并
            sum += a[n]; // 统计
        }
        printf( "%d\n", sum );
    }

    int main()
    {
        freopen( "fruit.in", "r", stdin ); // 采用文件方式输入/输出
        freopen( "fruit.out", "w", stdout );
        init();
        slove();
        fclose( stdin );
        fclose( stdout );
        return 0;
    }
```

（b）基于 Huffman 树 + 堆排序的解决方案（简单优化）

```
#include <iostream>
#include <algorithm>
#include <queue> // 引入标准"积木块"的说明
using namespace std;
                        优先队列默认是大根
                        堆，本题需要小根堆
                        （参见图2-35、图5-2）
int main()
{
    int n, last, sum, t;
    priority_queue< int, vector<int>, greater<int> > p; // 利用标准"积木块"构建一个优先队列
    while( cin >> n )
    {
        int i;
        sum = 0;
        for( i = 0; i < n; i++ ) // 输入各种果子的数目，并将它们放入队列
        {
            cin >> t;
            p.push( t );
        }
        while( !p.empty() ) // 利用队列进行果子合并过程
        {
            last = p.top(); p.pop(); // 取第一个最小数据
            if( p.empty() ) // 队列仅一个数据，合并工作结束
                break;
            else
            {
                t = p.top(); p.pop(); // 取第二个最小数据
                last += t; // 两堆果子重量相加
                p.push( last ); // 合并的结果作为一堆新果子放入堆栈
                sum += last; // 统计消耗的体力
            }
        }
        cout << sum << endl;
    }
    return 0;
}
```

（c）基于优先队列的解决方案

图 8-6 "合并果子"问题的求解

由图 8-6(a)可知,为了构建 Huffman 树完成果子的合并,每次合并都需要从当前供合并的数据集中选择两个最小的数据,为此,每次合并前,都要对本次参与合并的数据集进行排序。尽管堆排序有较好的性能(在此,快速排序也可以具有同样的性能),然而,针对本题,其实没有必要将当前数据集所有数据都进行排序,可以直接借用堆排序的核心——"堆调整"小方法,每次通过调整得到一个最小数据即可。从而,可以大大地节省时间。图 8-6(b)所示给出了相应的程序描述及解析。

更进一步,既然堆可以快速地得到一个最值,并且,两个最小数据合并后作为一个新的数据,也可以让它加入数据集,替换原来的两个最小数据,使得数据集的规模缩小。此时,再次重复上述过程,直到数据集规模为 1,即可完成求解。显然,基于堆结构,可以构建一种数据组织结构,使其能够支持取数和插入数据操作,并且确保每次取数都是最值,就可以完美解决问题。幸运的是,C＋＋标准库中已经为我们提供了基于第二代"积木块"规范(参见第 5 章)的预构标准"积木块"——priority_queue(参见第 2 章),可以直接使用。图 8-6(c)给出了相应程序描述及解析。在此,本质上将堆和队列两个"m"利用一种特殊的"n"组装在一起,形成更大的一个"m",增加使用的便捷性。

8.4.3 从问题中映射"m"和"n"

通过编程求解一个问题,就是进行"m＋n"的游戏。因此,首先通过仔细审题大概确定需要用到的"m"和"n"及其维度的叠加;其次,对于确定后的"m"和"n",依据其方法原理及框架,仔细确定其各种参数的对应物及其取值范畴,这个过程就是所谓的"建模"。再次,依据实际需要,改造或创新"m"和"n"(称为创造性"建模");接着,利用 C＋＋程序设计语言(或其他程序设计语言)编写代码;最后,利用某种开发环境或工具(例如 Dev-cpp)调试所编写的代码并验证数据。

【例 8-4】 化妆晚会(USACO2008 年 1 月铜组 T1)

问题描述:万圣节又到了! Farmer John 打算带他的奶牛去参加一个化妆晚会,但是,FJ 只做了一套能容下两头总长不超过 S(1 <= S <= 1 000 000)的牛的恐怖服装。FJ 养了 N(2 <= N <= 100 000)头按 1…N 顺序编号的奶牛,编号为 i 的奶牛的长度为 L_i(1 <= L_i <= 1 000 000)。如果两头奶牛的总长度不超过 S,那么它们就能穿下这套服装。

FJ 想知道,如果他想选择两头不同的奶牛来穿这套衣服,一共有多少种满足条件的方案。

输入格式:第 1 行是两个用空格隔开的整数 N 和 S;第 2…N＋1 行,其中第 i＋1 为 1 个整数 L_i。

输出格式:一行含 1 个整数,表示 FJ 可选择的所有方案数。

针对本题,最自然直接的方法是,枚举每一对奶牛的长度,然后和 s 比较,如果小于等于 s,则将方案数 ans ＋＋。这样,算法的时间复杂度为 $O(n^2)$。仔细分析,可以发现这种方法主要是因为数据无序,所以需要盲目的枚举每一对奶牛。如果将奶牛的长度从小到大排好序,那么查找和第 i 头奶牛配对的奶牛 j(i＜j)时,一旦发现第 j 头奶牛长度和第 i 头奶牛长度之和大于 s,则第 j 头奶牛后面的奶牛就不用再试探,此时相当于"剪枝"。图 8-7(a)所示给出了相应程序及解析。尽管经过了优化，但该方法的时间复杂度仍然可能达到 $O(n^2)$。进一步，查找第 j 头奶牛时，可以采用二分方法查找，这样就可以将算法的时间复杂度降到 $O(n*\log n)$，图 8-7(b)所示给出了相应程序及解析。在此，用到了累计、排序、枚举及"剪枝"优化和二分查找几个"m"，累计、枚举及"剪枝"优化呈现嵌套关系（图 8-7a），累计、枚举及二分查找呈现嵌套关系（图 8-7b），它们与排序呈现堆叠关系。

```cpp
#include <bits/stdc++.h>
using namespace std;

#define maxn 100010

int a[maxn];

int main()
{
    int n, s, ans;
    scanf( "%d %d", &n, &s );
    for( int i = 0; i < n; i++ )
        scanf( "%d", &a[i] );
    sort( a, a+n );
    ans = 0;
    for( int i = 0; i < n-1; i++ )
    {
        for( int j = i+1; j < n; j++ )
        {
            if( a[i]+a[j] <= s ) ans++;
            else break;  // "剪枝"
        }
    }
    printf( "%d\n", ans );
    return 0;
}
```

（a）枚举及"剪枝"优化

```cpp
#include <bits/stdc++.h>
using namespace std;

#define maxn 100010

int a[maxn];

int main()
{
    int n, s;
    scanf( "%d %d", &n, &s );
    for( int i = 0; i < n; i++ )
        scanf( "%d", &a[i] );
    sort( a, a+n );
    int ans = 0;
    for( int i = 0; i < n-1; i++ )
    {
        int j = upper_bound( a+i+1, a+n, s-a[i] ) - a;
        ans = ans + j - i - 1; // 第i+1头奶牛到第j头奶牛
                               //之间的所有奶牛都可以满足
    }
    printf( "%d\n", ans );
    return 0;
}
```

输入样例：
4 6
3
5
2
1
输出样例：
4
输出说明：
4种选择分别为：
奶牛1和奶牛3；
奶牛1和奶牛4；
奶牛2和奶牛4；
奶牛3和奶牛4。

（b）枚举及二分查找

图 8-7　"化妆晚会"问题的求解

【例 8-5】 字符前缀

依据例 2-9 的分析，本题的求解需要用到如下几个"m"：（1）通过"2 +3"游戏构建一个关联，用以存放字符串；（2）通过"2 +3"游戏构建一个结构体，并构建 Trie 树；（3）统计计数；（4）累加；（5）Trie 树查找。这几个"m"之间的关系既包括堆叠，也包括铰链嵌套。具体而言，（2）和（3）是铰链嵌套，（4）和（5）也是铰链嵌套，（1）与（2）、（5）是堆叠。图 8-8 所示给出了相应的程序描述及解析。

```cpp
#include <iostream>
#include <cstdio>
using namespace std;

struct node {
    int sum;
    node *ch[26];
} *root = new node;  // new运算将sum置0，将ch[26]都置null
```

```
void insert( const char *s )
{
    node *o = root;
    while( *s )  // 将字符串s插入Trie树
    {
        if( !o->ch[*s - 'a'] )  // 字符串s的当前字符不在Trie树中
            o->ch[*s - 'a'] = new node;  // 构造新节点,扩展Trie树
        o = o->ch[*s++ - 'a'];  // 字符串s的当前字符在Trie树中,前进一步
    }
    ++( o->sum );  // 字符串s已经插入Trie树中,尾节点做计数记录
}

int query( const char *s )
{
    node *o = root;
    int res = 0;
    while( *s && o )  // 依据s的每个字符搜索Trie树的一条路径
    {
        res += o->sum;  // 伴随着搜索,统计路径中每个节点的前缀数记录
        o = o->ch[*s++ - 'a'];  // 伸展搜索路径
    }
    if(o)  // 查询字符串匹配路径未到达叶节点
        res += o->sum;
    return res;
}

const size_t MaxL = 1000005;  // 原始字符串的总个数
char s[MaxL];  // 存放字符串

int main()
{
    int n, m;

    cin >> n;
    while( n-- )  // 输入n个原始字符串,构建一棵Trie树
        scanf( "%s", s ), insert(s);
    cin >> m;
    while( m-- )  // 输入m个查询字符串并输出每个字符串的前缀串个数
        scanf( "%s", s ), printf( "%d\n", query(s) );
    return 0;
}
```

图 8-8 "字符前缀"问题的求解

【例 8-6】 大整数

一个 k(1 <= k <= 80)位的十进制正整数 n,我们称其为大整数。现在的问题是,构造一个程序,对于给出的某一个大整数 n,找到满足条件 $p^3 + p^2 + 3p <= n$ 的 p 的最大值。

输入格式:仅一行,一个 k 位的大整数 n。

输出格式:仅一行,找到的 p 的最大值。

首先,由于 n 的位数比较大,超过正常内置类型所能表达的范围,显然需要采用高进度数的表示及运算方法。其次,由 n 的位数比较大可以推知 p 的位数也比较大,这样通过逐一累加来寻找 p 的最大值,显然是不可行的。那么,寻找 p 的最大值就成为求解的关键。事实上,一个数的大小是由高位到低位决定的,例如:612 比 399 大。因此,可以通过从高位到低位逐位确定 p 的每一位 i 的最大值的方法来寻找 p 的最大值。显然,该方法可以通过搜索方法实现,即穷举每一位的最大可能。图 8-9 所示给出了相应的程序描述及解析。

```cpp
#include <iostream>
#include <string> //引入字符串处理标准"积木块"(第二代)的相关说明
#include <fstream> //引入外部存储器读写处理标准"积木块"(第二代)的相关说明
#include <sstream> //引入字符串读写处理标准"积木块"(第二代)的相关说明
#include <stdlib.h>
using namespace std;

string n, p;
char * inputfilename = "number.dat";
char * outputfilename = "number.out";

string readFileIntoString( char * filename )
{ // 从文件中读入字符串到内存缓冲区buf
    ostringstream buf;
    char ch;
    while( buf && ifile.get( ch ))
        buf.put(ch);
    return buf.str();
}

void outStringIntoFile( string str, string filename )
{ // 将字符串写入到文件中
    ofstream outfile;
    outfile.open( filename );
    outfile << str;
    outfile.close();
}

string fix( string s )
{
    string ss;
    long int i;
    ss = "";
    for( int i = 0; i < s.length(); i++ )   // 将字符串反转
    { ss = s[i] + ss; }
    return ss;
}

long int max( long int x, long int y )
{
    if( x > y ) return x;
    else  return y;
}

string add( string s1, string s2 )
{ //高精度加法
    string s;  // 最后结果
    long int l, o, i;   //l是长度(即位数)，o是进位
    s1 = fix( s1 ); // 将个位放在前面，便于计算
    s2 = fix( s2 );
    l = max( s1.length(), s2.length() );
    i = 0;
    int s1_long = s1.length();
    int s2_long = s2.length();
    while( i < l - s1_long ) //高位补0，补到长度l
    { s1 = s1 + "0"; i++; }
    i = 0;
    while( i < l - s2_long )
    { s2 = s2 + "0"; i++; }
    s = "";
    o = 0; // 最低位的进位为0
    for( i = 0; i < l; i++ )
    {
        int h = o + int(s1[i]) - 48 + int(s2[i]) - 48;
        char u[] = { ( h % 10 + 48 ), '\0' }; //把整数数字转为字符串
        string t = u;
        s = t + s; // 和的当前位数字字符
        o = h / 10; // 和的当前位产生的进位
    }
    if( o > 0 )
    {
        char u[] = { (o + 48), '\0' };
        string t = u;
        s = t + s; // 和的最高位补上数字字符
    }
    return s;
}
```

```cpp
string mul( string s1, string s2 )
{ //高精度乘法
    long int num[255]; //存放运算的中间结果
    string s;
    long int l, i, j;
    for( j = 0; j <= 250; j++ )
        num[j] = 0;
    s1 = fix(s1); s2 = fix(s2);
    for( i = 1; i <= s1.length(); i++ )
        for( j = 1; j <= s2.length(); j++ )
            num[ i + j - 1] += ( int( s1[i-1]) - 48) * ( int(s2[j-1]) - 48 ); //逐位
                                                                         相乘
    l = s1.length() + s2.length() - 1;
    for( i = 1; i <= l; i++ )  // 逐位处理进位
        num[i + 1] += num[i] / 10, num[i] = num[i] % 10;
    while( num[l] > 10 )
    { // 最高位处理进位
        num[l+1] = num[l] / 10, num[l] = num[l] % 10;
        l++; // 位数增加一位
    }
    s = ""; //把结果存放到s并返回
    for( i = 1; i <= l; i++ )
    {
        char u[] = { ( num[i] + 48 ), '\0' };
        string t = u;
        s = t + s;
    }
    return s;
}
string com( string s )
{ // 计算s³+s²+3s
    string ss;
    while( s[0] == '0' )
        s = s.substr(1);
    ss = mul( s, s );
    return add( mul( ss, s ), add( ss, mul( p, "3" ))); //s³+s²+3s
}
bool test_max( string s1, string s2 )
{ //检查s1是否比s2大
    if( s1.length() > s2.length() ) return false;
    if( s1.length() == s2.length() && s1 < s2 ) return true;
    return false;
}
bool test_m( string s1, string s2 )
{ //检查s1是否等于s2
    if( s1.length() == s2.length() && s1 == s2 ) return true;
    return false;
}
void search()
{ // 搜索p的最大值
    long int i;
    while( n[0] == '0' ) // 跳过前面的0
        n = n.substr(1);
    p = "";
    for( i = 0; i < n.length(); i++ ) //p的每一位初始化为0
        p = p + '0';
    for( i = 0; i < p.length(); i++ ) //从p的高位开始穷举
    {
        do { // 穷举当前位的最大可能
            p[i] = p[i] + 1; // 当前位穷举下一个可能
            if( p[i] > '9' ) break; // 当前位已找到最大值
        } while( test_max( com( p ), n ));
        if( !test_m( com( p ), n )) // 如果p³+p²+3p > n，则p的当前位应缩小
            p[i] = p[i] - 1;
    }
    while( p.length() > 0 && p[0] == '0' ) // 跳过前面的0
        p = p.substr(1);
    if( p == "" ) //p为0
        p = "0";
}

int main()
{
    n = readFileIntoString( inputfilename );
    search();
    outStringIntoFile(p, outputfilename);
    return 0;
}
```

图8-9 "大整数"问题的求解

本题的求解中，用到了如下几个"m"：（1）字符串及其相关处理方法；（2）高精度运算；（3）搜索；（4）求最值。这几个"m"之间的关系主要是铰链嵌套。具体而言，（3）和（2）、（4）之间是嵌套。（1）是（2）的具体实现方式，可以看作是概念上的铰链嵌套。

事实上,相对于基本的基于数组方式高精度方法,本题给出的用字符串方式实现的高精度方法,可以理解为基于传统高精度方法"m"创新出来的另一种"m"。另外,由于本题寻找 p 的最大值问题的特殊性,本题所采用的搜索方法也是经典搜索方法/回溯方法的简化,具体表现为:① 相对于回溯方法,其相应的 X 维和 Y 维的长度都是固定的,X 维的长度就是 p 的位数,Y 维的长度就是 10(0~9 十个数字);② 搜索本身带有剪枝优化,即一旦某个位确定后,$p^3 + p^2 + 3p$ 的值超过 n 即可提前结束本枝的搜索。

从思维的角度看,"建模"与概念、理论和方法的学习是两个决然相反的思维途径,前者是归纳思维(即由一系列分散的小东西综合为一个整体),后者是演绎思维(即由一个整体逐步分解为一系列分散的小东西)。因此,学习程序设计可以培养完整的思维能力。然而,相对于演绎思维,归纳思维具有一定的难度,因为它基于大量的实践,需要大量的时间和漫长的过程。事实上,基于演绎思维展开的今天的知识图谱就是人类经过大量的实践、漫长的历史所建造起来的知识大厦。因此,"m + n"游戏方法可以为我们缩短"建模"学习的时间并提高学习效率。

实战应用

【例 8-7】 晚餐队列安排(USACO2008 年 2 月铜组 T1)

问题描述:为了避免餐厅过分拥挤,FJ 要求奶牛们分两批就餐。每天晚饭前,奶牛们都会在餐厅前排队入内,按 FJ 的设想,所有第 2 批就餐的奶牛排在队尾,队伍的前半部分则由设定为第 1 批就餐的奶牛占据。由于奶牛们不理解 FJ 的安排,晚饭前的排队成了一个大麻烦。

第 i 头奶牛有一张标明她用餐批次 D_i(1 <= D_i <= 2)的卡片。虽然所有 N(1 <= N <= 30 000)头奶牛排成了很整齐的队伍,但谁都看得出来,卡片上的号码是完全杂乱无章的。

在若干次混乱的重新排队后,FJ 找到了一种简单些的方法:奶牛们不动,他沿着队伍从头到尾走一遍,把那些他认为排错队的奶牛卡片上的编号改掉,最终得到一个他想要的每个组中的奶牛都站在一起的队列,例如:112222 或 111122。有的时候,FJ 会把整个队列弄得只有 1 组奶牛(比方说,1111 或 222)。

你也晓得,FJ 是个很懒的人。他想知道,如果他想达到目的,那么他最少得改多少头奶牛卡片上的编号。所有奶牛在 FJ 改卡片编号的时候,都不会挪位置。

输入格式:第 1 行为 1 个整数 N,表示有 N 头奶牛;第 2…N+1 行,其中第 i+1 行是 1 个整数,为第 i 头奶牛的用餐批次 D_i。

输出格式:第 1 行为 1 个整数,表示 FJ 最少要改几头奶牛卡片上的编号,才能让编号变成他设想中的样子。

简单来说,本题的问题是,将一个由 1 和 2 组成的数字序列排列成所有 1 在前面、2 在后面的数字序列。针对本题,首先可以通过"2 + 3"游戏构建两个数组 a[n] 和 f[n],一个用以存放奶牛们卡片上的编号,另一个与此配合用于记录各个位置上的变换次数。然后,最容易直接自然的想法是,枚举位置 i,累计将 i 前面数字序列中的 2 变为 1 的次数,累计将 i(包括位置 i)后面数字中 1 变为 2 的次数,再将这两个操作的次数相加并记录到 f[i]。最后,从 f[i] 中找一个最小的,即可得到所求的答案。该方法的时间复杂度为 $O(n^2)$,图 8-10(a)所示给出了相应的程序及解析。在此,用到了累计、求最值两个"m",它们呈现堆叠关系。

```
#include <bits/stdc++.h>              输入样例：
#define maxn 300010                   7
using namespace std;                  2
                                      1
int n, a[maxn], f[maxn];              1
int main()                           1
{                                     2
  scanf("%d",&n);                     1
  for( int i = 1; i <= n; i++ )       输出样例：
    scanf( "%d", a+i );               2
  for( int i = 1; i <= n; i++ )       样例说明：
  {                                   一共有7头奶牛，其中有3头奶牛原
    int x = 0;                        来被设定为第二批用餐，FJ选择改第
    for( int j = 1; j < i; j++ ) //累计位置i前面2改变为1的次数
      if( a[j] == 2 ) x++;            1头和最后1头奶牛卡片上的编号。
    for( int j = i; j <= n; j++ )//累计位置i开始后面1改变为2的次数
      if( a[j] == 1 ) x++;
    f[i] = x; //记录位置i应该操作的总次数
  }
  int ans = f[1];                ┐
  for( int i = 2; i <= n; i++ )  │  求最小值
    if( ans > f[i] ) ans = f[i]; ┘
  printf( "%d\n", ans );
}
```

（a）基本方法

```
#include <bits/stdc++.h>
#define maxn 300010
using namespace std;

int n, a[maxn], f[maxn], one[maxn], two[maxn];
int main()
{
  memset( one, 0, sizeof( one ));
  memset( two, 0, sizeof( two ));
  scanf( "%d", &n );
  for( int i = 1; i <= n; i++ )
  {
    scanf( "%d", a+i );
    if( a[i] == 1 ) //累计从开始到位置i（包括i）一共有多少个1
    {
      one[i] = one[i-1] + 1;
      two[i] = two[i-1];
    }
    if( a[i] == 2 ) //累计从开始到位置i（包括i）一共有多少个2
    {
      one[i] = one[i-1];
      two[i] = two[i-1] + 1;
    }
  }
  one[n+1] = one[n];                           累计位置i      累计位置i开
  for( int i = 1; i <= n+1; i++ )              前面2改变      始后面1改变
    f[i] = two[i-1] + one[n] - one[i-1];       为1的次数      为2的次数
  int ans = f[1];                ┐
  for( int i = 2; i <= n; i++ )  │  求最小值
    if( ans > f[i] ) ans = f[i]; ┘
  printf( "%d\n", ans );
}
```

（b）优化方法

图8-10　"晚餐队列安排"问题的求解

进一步通过分析发现,累计位置 i 前面数字序列中的 2 变为 1 的次数,可以通过求前缀和方法来优化,具体是通过构造两个数组 one[n]和 two[n],用 one[i]记录从开始到位置 i(包括 i)一共有多少个 1,用 two[i]记录从开始到位置 i(包括 i)一共有多少个 2,然后求将 i 前面数字中的 2 变为 1 的次数,将 i(包括位置 i)后面数字中 1 变为 2 的次数,这样可以直接计算,从而可以去掉内层循环,将原来的 $O(n^2)$ 时间复杂度优化成 $O(n)$。图 8-10(b)所示给出了相应程序描述及解析。在此将普通的累计方法改为了求前缀和的方法,本质上是通过牺牲空间换取了时间。

【例 8-8】　Bloxorz(POJ3322)

Bloxorz 是一个风靡世界的小游戏。Bloxorz 的地图是一个 N 行 M 列的矩阵(3 <= N, M <= 500),每个位置可能是硬地(用"."表示)、易碎地面(用"E"表示)、禁地(用"#"表示)、起点(用"X"表示)或终点(用"O"表示)。你的任务是操作一个 1 * 1 * 2 的长方体。这个长方体在地面上有两种放置形式:"立"在地面上(1 * 1 的面接触地面)或"躺"在地面上(1 * 2 的面接触地面)。每一步操作中,可以按上下左右四个键之一。按下按键之后,长方体向对应的方向沿着棱滚动 90 度。任意时刻,长方体不能有任何部位接触禁地(否则就会掉下去),并且不能立在易碎地面上(否则会因为压强太大掉下去)。字符"X"标识长方体的起始位置,地图上可能有一个"X"或者两个相邻的"X"。地图上唯一的一个字符"O"标识目标位置。求把长方体移动到目标位置(即立在"O"上)所需要的最少步数。如果无解,输出"Impossible"。在移动过程中,"X"和"O"标识的位置都可以看作是硬地被利用。

针对本题,直接自然求解思路显然是搜索。并且,题目要求最少的步数,因此,采用宽度优先搜索方法比较恰当。然而,为了增加玩家的娱乐性(即增加题目的难度),对地图、长方体移动物的形状、移动的规则等细节给出了一些限制条件和规则。因此,对这些限制条件和规则的处理成为解题的核心。首先,对于地图上某些位置的各种规定及其带来的游戏规则,相对比较容易处理,只要在搜索过程中进行检查即可。其次,移动的规则本质上与长方体的形状有关,因为长方体的不同放置形式会带来不同的移动效果,这取决于具体的"棱"所导致的滚动效果。因此,对于长方体状态的表示成为解题的关键。

对于标准搜索方法,其解状态空间构成的搜索树结构中,结点通常仅包含位置信息。由于本题需要考虑一个位置上长方体的放置形态,因此,必须拓展结点的结构,增加一个维度。因此,本题采用一个三元组(x, y, lie)来表示结点结构(即状态的描述),其中,lie = 0 表示长方体立在(x, y)位置;lie = 1 表示长方体横向躺着,左半部分在(x, y)位置;lie = 2 表示长方体纵向躺着,上半部分在(x, y)位置。最后,依据标准的宽度搜索方法,基于上述的状态表示并按照移动规则处理每一步的各种约束要求即可。图 8-11 所示给出了相应的程序描述及解析。

本题的求解用到了如下几个"m":(1)宽度搜索方法;(2)队列;(3)移动位移表示小方法及其前进一步的处理方法;(4)字符串;(5)统计。这几个"m"之间的关系既包括堆叠,也包括铰链嵌套。具体而言,(1)和(2)、(3)、(5)是铰链嵌套,(1)和(4)是堆叠。

```
#include <bits/stdc++.h>
struct rec { int x, y, lie; }; // 状态描述
char s[510][510]; // 地图
rec st, ed; // 起点状态、目标状态
int n, m, d[510][510][3]; // 从起始状态到达每个状态的最少步数（初始为-1）
queue<rec> q; // 构造一个队列
const int dx[4] = { 0, 0, -1, 1 }, dy[4] = { -1, 1, 0, 0 }; // 移动方向的位移（0~3：左右上下）

bool valid( int x, int y ) // 检查位置的合理性
{ return x >= 1 && y >= 1 && x <= n && y <= m; }

void parse_st_ed() // 起点和终点的预处理
{
    for( int i = 1; i <= n; i++ )
        for( int j = 1; j <= m; j++ )
            if( s[i][j] == 'O' ) // 终点位置可以看作是硬地被使用
            { ed.x = i; ed.y = j; ed.lie = 0; s[i][j] = '.'; }
            else if( s[i][j] == 'X' )
                {
                    for( int k = 0; k < 3; k++ ) // 处理相邻的起始位置
                    {
                        int x = i + dx[k], y = j + dy[k];
                        if( valid( x, y ) && s[x][y] == 'X' )
                        {
                            st.x = min( i, x ), st.y = min( j, y );
                            st.lie = k < 2 ? 1 : 2; // 长方体的放置形态
                            s[i][j] = s[x][y] = '.'; // 可以看作是硬地被使用
                            break;
                        }
                    }
                    if( s[i][j] == 'X' ) st.x = i, st.y = j, st.lie = 0; // 仅一个起点位置
                }
}

bool valid( rec next ) // 判断滚动是否合理
{
    if( !valid( next.x, next.y )) return 0; // 出界，不合理
    if( s[next.x, next.y] == '#' )  return 0; // 禁地，不合理
    if( next.lie == 0 && s[next.x, next.y] != '.' ) return 0; // 易碎地面，不合理
    if( next.lie == 1 && s[next.x, next.y+1] == '#' ) return 0; // 无法滚动，不合理
    if( next.lie == 2 && s[next.x+1, next.y] == '#' ) return 0;
    return 1; // 可以滚动，合理
}

// next_x[i][j] 表示在lie=i时朝方向j滚动后x的变化情况（位移）
const int next_x[3][4] = {{ 0, 0, -2, 1 }, { 0, 0, -1, 1 }, { 0, 0, -1, 2 }};
// next_y[i][j] 表示在lie=i时朝方向j滚动后y的变化情况（位移）
const int next_y[3][4] = {{ -2, 1, 0, 0 }, { -1, 2, 0, 0 }, { -1, 1, 0, 0 }};
// next_lie[i][j] 表示在lie=i时朝方向j滚动后lie的新值（长方体的新放置形态）
const int next_lie[3][4] = {{ 1, 1, 2, 2 }, { 0, 0, 1, 1 }, { 2, 2, 0, 0 }};

int bfs()
{
    for( int i = 1; i <= n; i++ )
        for( int j = 1; j <= m; j++ )
            for( int k = 0; k < 3; k++ )
                d[i][j][k] = -1;
    while( q.size()) q.pop(); // 队列初始化（清空队列）
    d[st.x][st.y][st.lie] = 0; // 宽搜：初始化，起点状态入队列
    q.push( st );
    while( q.size()) // 宽搜：当队列不空时继续搜索
    {
        rec now = q.front(); q.pop(); // 宽搜：队头结点出队
        for( int i = 0; i < 4; i++ ) // 宽搜：对当前结点的所有直接相邻结点（4个可能滚动方向）处理
        {
            rec next;
            next.x = now.x + next_x[now.lie][i]; // 宽搜：前进（滚动）一次
            next.y = now.y + next_y[now.lie][i];
            next.lie = next_lie[now.lie][i];
            if( !valid( next )) continue; // 宽搜：前进位置不合理/不能滚动
            if( d[next.x][next.y][next.lie] == -1 ) // 宽搜：可以滚动且该结点未被访问过
            {
```

```
            d[next.x][next.y][next.lie] = d[next.x][next.y][next.lie] + 1;
            q.push( next ); // 宽搜：新状态结点进栈
            if( next.x == ed.x &&
               next.y == ed.y &&
               next.lie == ed.lie ) // 宽搜：检查当前结点是否是终点
               return d[next.x][next.y][next.lie];
          }
        }
      }
    return -1; // 无解
  }

  int main()
  {
    while( cin >> n >> m && n ) // 多次运行，输入n为0时结束
    {
      for( int i = 1; i <= n; i++ )
        scanf( "%s", s[i]+1 );
      parse_st_ed();
      int ans = bfs();
      if( ans == -1 )
        puts( "Impossible" );
      else
        cout << ans << endl;
    }
  }
```

图 8-11 "Bloxorz"问题的求解

【例 8-9】 数字三角形(洛谷 P1118 [USACO06FEB])

问题描述:有一个游戏:写出一个 1 至 n 的排列 a_i,然后每次将相邻两个数相加,构成一个新的序列,再对新序列进行同样的操作。显然,每次构成的新序列都比上一次的序列长度少 1,直到只剩下一个数字为止。例如:3, 1, 2, 4→4, 3, 6→7, 9→16。

现在想要倒着玩这个游戏,如果知道 n 和最后得到的数字 sum,请你求出最初的序列 a_i。若答案有多种可能,则输出字典序最小的那一个(字典序指的是 1, 2, 3, 4, 5, 6, 7, 8, 9, 10, 11, 12;而不是 1, 10, 11, 12, 2, 3, 4, 5, 6, 7, 8, 9)。

输入格式:一行,含两个正整数 n 和 sum。

输出格式:一行,为字典序最小的一个 1 至 n 的排列。当无解时,什么也不输出。

对于本题,直接自然的方法就是穷举 1 至 n 的所有排列,并对每个排列按要求(即不断反复将相邻两个数据相加,直到序列仅含一个数据)进行检查,判断其是不是满足要求的序列。显然,这种方法的时间复杂度非常高。

仔细分析本题,假设最后得到的数为 sum,并将其作为倒三角形的最后一行。于是,从下向上考虑可以发现,倒三角形的倒数第二行两个数被累加到 sum 里的次数分别为 1 和 1,倒数第三行三个数被累加到 sum 里的次数分别为 1、2 和 1,倒数第四行四个数被累加到 sum 里的次数分别为 1、3、3 和 1……(参见图 8-12 所示)。由此可以发现,第一行每个数被累加到 sum 里的次数,其实就是一个组合数。因此,本题的求解可以穷举 1 至 n 之间的所有排列,而对每个排列的检查则可以简化为基于对应的组合数实现,具体就是用某个数据乘以其对应的组合数即可。从而省去不断反复将相邻两个数据相加的运算,以提高执行效率。

更进一步,对于排列的穷举,可以采用回溯方法实现,并且将对每个排列的合理性检查融入回溯方法中,将其作为当前解的生成及其合理性判断。由此,本题就可以转化为标准的回溯法求解问题。同时,在回溯法求解过程中,一旦发现当前的局部解(即 ans 的值)超过给

定的值 sum，就可以不再继续向前搜索，这样可以减少大量的搜索范围。从而，进一步提高执行效率。图 8-12 所示给出了相应程序描述及解析。

```cpp
#include <iostream>
#include <algorithm>
#include <cstdio>
using namespace std;

int f[20][20]; // 存放组合数
int a[20]; // 存放构成最终解的数据序列
int vis[20] = { 0 }; // 数据是否被访问过的标志
int n, sum,
    flag = 0; // 是否找到一个解

void init()
{ // 求组合数
  for(int i = 0; i <= n; i++ )
    f[i][0] = 1, f[i][i] = 1;
  for(int i = 2; i <= n; i++ )
    for(int j = 1; j < i; j++ )
      f[i][j] = f[i-1][j-1] + f[i-1][j];
}

void dfs( int step, int ans )
{ // step控制搜索深度（即是否到达数据序列的长度）
  // 并且，同时作为构成解的数据序列存放数组的下标
  if( flag ) return; // 找到一个解
  if( ans > sum ) return; // 当前局部解不合理/终止继续向前的无效搜索（即剪枝）
  if(step == n && ans == sum ) // 找到一个解
  {
    for(int i = 0; i < n-1; i++ ) // 输出解的序列
      cout << a[i] << ' ';
    cout << a[n-1] << endl;
    flag = 1; // 置标记，不再继续搜索
  }
  for( int i = 1; i <= n; i++ ) // 穷举所有的排列
    if( !vis[i] ) // 第i个数据未被访问过
    {
      vis[i] = 1; // 访问该数据并置标记
      a[step] = i; // 当前数据i记录到当前解
      dfs( step + 1, ans + i * f[n-1][step] ); // 当前解合理，再前进一步
      a[step] = 0; // 放弃当前解（相当于回退一步）
      vis[i] = 0; // 恢复标记
    }
}

int main()
{
  cin >> n >> sum;
  init();
  dfs( 0, 0 );
}
```

样例输入：
4 16
样例输出：
3 1 2 4

```
1*1+2*3+3*3+4*1 = 20
1*1+2*3+4*3+3*1 = 22
1*1+3*2+3*3+4*1 = 20
1*1+4*3+3*2+3*1 = 24
1*1+4*3+2*3+3*1 = 20
1*1+4*3+3*3+2*1 = 24
2*1+1*3+3*3+4*1 = 18
2*1+1*3+4*3+3*1 = 20
2*1+3*3+1*3+4*1 = 18
2*1+3*3+4*1+3*1 = 24
2*1+4*3+1*3+3*1 = 20
2*1+4*3+3*3+1*1 = 24
3*1+1*3+2*3+4*1 = 16 √
3*1+1*3+4*3+2*1 = 20
3*1+2*3+1*3+4*1 = 16
3*1+2*3+4*3+1*1 = 22
3*1+4*3+1*3+2*1 = 20
3*1+4*3+2*3+1*1 = 22
4*1+1*3+2*3+3*2 = 16
4*1+1*3+3*3+2*1 = 18
4*1+2*3+1*3+3*1 = 16
4*1+2*3+3*1+3*1 = 20
4*1+3*3+1*3+2*1 = 18
4*1+3*3+2*3+1*1 = 20
```

组合数三角形：
```
      ......
1 5 10 10 5 1
 1 4 6 4 1
  1 3 3 1
   1 2 1
    1 1
     1
```

当前的和值等于数据i乘以其最终被使用的次数（即对应的组合数）

图 8-12 "数字三角形"问题的求解

本题的求解用到了如下几个"m"：（1）回溯方法；（2）递归；（3）组合数生成。这几个"m"之间的关系既包括堆叠，也包括铰链嵌套。具体而言，（1）和（2）是铰链嵌套，（1）和（3）是堆叠。

本章小结

本章主要解析了基于计算思维原理的程序设计应用方法——"m + n"的游戏,强调了"m"的两个逻辑层次和"m"、"n"的创新特征。并且,通过示例解析了"建模"的本质以及"m + n"游戏对"建模"能力培养的有效作用。

习　题

1. 通过数字拆分模式和数字合并模式,判断一个正整数是否是回文数(回文数是指一个具备如下特征的数:正向看和反向看都相同)。
2. 通过序列合并模式,实现高精度数(高精度数是指用一个数组分别记录一个大整数的每位数字)的加法基本运算。
3. 作为一种动态数据组织方法,单链表有着广泛的应用。如何通过线性结构的三种基本应用模式构建一个单链表?
4. 作为一种动态数据组织方法,单链表有着广泛的应用。如何通过线性结构的三种基本应用模式,实现一个单链表的链接关系反向倒置?
5. 分析下列各题用到的小方法,并给出小方法之间的结构关系:

1)统计数字

输入一个数 n(n <= 200 000)和 n 个自然数(每个数都不超过 $1.5 * 10^9$),请统计出这些自然数各自出现的次数,并按出现次数由大到小输出。(输入数据保证不相同的数不超过 10 000 个)

2)导弹拦截(NOIP 2010 普及组)

经过 11 年的韬光养晦,某国研发出了一种新的导弹拦截系统,凡是与它的距离不超过其工作半径的导弹都能够被它成功拦截。当工作半径为 0 时,则能够拦截与它位置恰好相同的导弹。但该导弹拦截系统也存在如下缺陷:每套系统每天只能设定一次工作半径。而当天的使用代价就是所有系统工作半径的平方和。

某天,雷达捕捉到敌国的导弹来袭。由于该系统尚处于试验阶段,所以只有两套系统投入工作。如果现在的要求是拦截所有的导弹,请你计算这一天的最小使用代价。

输入格式:第一行包含用一个空格分隔的 4 个整数 x_1、y_1、x_2、y_2,表示两套导弹拦截系统的坐标分别为(x_1、y_1)、(x_2、y_2)。第二行一个整数 n,表示有 n 颗导弹。接下来 n 行,每行包含用一个空格分隔的 2 个整数 x、y,表示一颗导弹的坐标(x、y)。不同导弹的坐标可能相同。

输出格式:只有一行,包含一个整数,即当天的最小使用代价。

提示:两个点(x_1、y_1)、(x_2、y_2)之间距离的平方和是$(x_1 - x_2)^2 + (y_1 - y_2)^2$。两套系统工作半径 r_1、r_2 的平方和是指 $r_1^2 + r_2^2$。

6. 针对两数交换问题,你能想到多少种"m"?

7. 针对求第 k 大的数问题,你能想到多少种"m"?

8. 寻找 1~2 个题目,并分析其涉及的"m"和"n"。(要求"m"的个数大于等于 3)

9. 对于"m""n""m + n",你认为哪个更为重要? 为什么?

附录 A C++语言定义的运算符

运算符	优先级	结合性	功能	用法
::	高	左	全局作用域	::name
::		左	类作用域	class::name
::		左	命名空间作用域	namespace::name
.		左	成员选择	object.member
->		左	成员选择	pointer->member
[]		左	下标(分量选择)	expr[expr]
()		左	函数调用	name(expr_list)
()		左	类型构造	type(expr_list)
++		右	后置递增	lvalue++
--		右	后置递减	lvalue—
typeid		右	类型 ID	typeid(type)
typeid		右	运行时类型 ID	typeid(expr)
explicit_cast		右	类型转换	explicit_cast<type>
dynamic_cast		右	(同族指针)类型转换	dynamic_cast<type>
static_cast		右	类型转换	static_cast<type>
reinterpret_cast		右	(任意指针)类型转换	reinterpret_cast<type>
const_cast		右	类型转换	const_cast<type>
++		右	前置递增	++lvalue
--		右	前置递减	--lvalue
~		右	位求反	~expr
!		右	逻辑非	!expr
-		右	一元负号	-expr
+		右	一元正号	+expr
*		右	解引用	*expr
&		右	取地址	&lvalue
()		右	类型转换	(type)expr
sizeof		右	对象的大小	sizeof expr
sizeof		右	类型的大小	sizeof(type)
sizeof		右	参数包的大小	sizeof…(name)
new		右	创建对象	new type
new []		右	创建数组	new type[size]
delete		右	释放对象	delete expr
delete []		右	释放数组	delete [] expr
noexcept		右	能否抛出异常	noexcept(expr)

（续表）

运算符	优先级	结合性	功能	用法
- > * . *		左 左	指针成员选择 指针成员选择	ptr - > * ptr_to_member obj. * ptr_to_member
* / %		左 左 左	乘法 除法 取模(取余)	expr * expr expr/expr expr% expr
+ -		左 左	加法 减法	expr + expr expr - expr
<< >>		左 左	向左移位 向右移位	expr >> expr expr << expr
< <= > >=		左 左 左 左	小于 小于等于 大于 大于等于	expr < expr expr <= expr expr > expr expr >= expr
== ! =		左 左	相等 不相等	expr == expr expr! = expr
&		左	位与	expr & expr
^		左	位异或	expr ^ expr
|		左	位或	expr | expr
&&		左	逻辑与	expr && expr
||		左	逻辑或	expr || expr
?:		右	条件	expr ? expr: expr
=		右	赋值	lvalue = expr
* = , / = , % = + = , - = <<= , >>= &= , | = , ^=		右 右 右 右	复合赋值	lvalue + = expr 等
Throw		右	抛出异常	throw expr
,	低	左	逗号(顺序)	expr, expr

附录 B　ASCII 字符集

高位	低位 0	1	2	3	4	5	6	7	8	9
0	nul	soh	stx	etx	eot	enq	ack	bel	bs	ht
1	nl	vt	ff	cr	so	si	dle	dc1	dc2	dc3
2	dc4	nak	syn	etb	can	em	sub	esc	fs	gs
3	rs	us	sp	!	"	#	$	%	&	´
4	(	)	*	+	,	−	.	/	0	1
5	2	3	4	5	6	7	8	9	:	;
6	<	=	>	?	@	A	B	C	D	E
7	F	G	H	I	J	K	L	M	N	O
8	P	Q	R	S	T	U	V	W	X	Y
9	Z	[	\	]	^	_	`	a	b	c
10	d	e	f	g	h	i	j	k	l	m
11	n	o	p	q	r	s	t	u	V	W
12	x	y	z	{			}	~	del		

附录 C　标准库常用字符串处理函数（cstring 库）

分类	函数原型	函数功能
复制相关函数	void * memcpy(void * destination, const void * source, size_t num)	从 source 指向的地址拷贝 num 个字节到 destination 指向的地址。不检查 source 中的空字符,总是拷贝 num 个字节。当 destination 和 source 的大小小于 num 时,可能产生溢出
	void * memmove (void * destination, const void * source, size_t num)	从 source 指向的地址移动 num 个字节到 destination 指向的地址。不检查 source 中的空字符,总是拷贝 num 个字节。当 destination 和 source 的大小小于 num 时,可能产生溢出
	char * strcpy(char * desination, const char * source);	将 source 指向的字符串拷贝到 destination 指向的位置。会检查空字符,遇空字符停止(字符串结束标志)。可能存在溢出
	char * strncpy(char * desination, const char * source, size_t num);	将 source 指向的字符串拷贝到 destination 指向的地方,最多拷贝 num 个字节或者遇到空字符(字符串结束标志)停止。num 可以防止溢出
连接相关函数	char * strcat(char * desination, const char * source);	将 source 指向的字符串连接到 destination 指向的字符串的后面。可能存在溢出,当连接后的大小大于 destination 的大小
	char * strncat(char * desination, const char * source, size_t num);	将 source 指向的字符串连接到 destination 指向的字符串的后面。最多连接 num 个字节
比较相关函数	int memcmp(const void * ptr1, const void * ptr2, size_t num)	比较 ptr1、ptr2 指向的内存块的前面 num 个字节,如果都相同则返回 0,如果第一个不同字节 ptr1 的小于 ptr2 的,返回负数,否则返回正数。不考虑到空字符
	int strcmp (const char * str1, const char * str2);	比较 str1、str2 指向的字符串,直到遇到不相同的字符或者空字符结束。如果都相同则返回 0,如果第一个不同字节 ptr1 的小于 ptr2 的,返回负数,否则返回正数
	int strncmp(const char * str1, const char * str2, size_t num)	比较 ptr1、ptr2 指向的字符串,直到遇到不相同的字符,或者空字符或者比较完前面的 num 个字节结束。如果都相同则返回 0,如果第一个不同字节 ptr1 的小于 ptr2 的,返回负数,否则返回正数

（续表）

分类	函数原型	函数功能
检索相关函数	const char ∗ strchr (const char ∗ str, int character) ;	在 ptr 指向的字符串中搜索值 value,返回第一个 value 的指针,如果没有找到返回空指针
	const char ∗ strstr (const char ∗ str1, const char ∗ str2) ;	在 str1 指向的字符串中查找 str2 指向的字符串,返回找到的第一次出现位置的指针,若没找到,返回空指针
	const void ∗ memchr(const void ∗ ptr, int value, size_t num) ;	在 ptr 指向的内存中的前 num 个字节中搜索值 value,返回第一个 value 的指针,如果没有找到返回空指针
	size_t strcspn(const char ∗ str1, const char ∗ str2) ;	在 str1 指向的字符串中搜索 str2 指向的字符串中的任意一个字符,返回找到的第一个字符前面的字符数,如果没有找到返回 str1 指向的字符串的字符数
	const char ∗ strpbrk(const char ∗ str1, const char ∗ str2) ;	在 str1 指向的字符串中搜索 str2 指向的字符串中的任意一个字符,返回找到的第一个字符的指针,如果没有找到返回空指针
	const char ∗ strrchr (const char ∗ str, int character) ;	在 ptr 指向的字符串中搜索值 character,返回最后一个 character 的指针,如果没有找到返回字符串结束处的指针
	size_t strspn(const char ∗ str1, const char ∗ str2) ;	在 str1 指向的字符串中搜索 str2 指向的字符串中的任意字符,返回找到的字符个数。不包含空字符
	char ∗ strtok (char ∗ str, const char ∗ delimiters) ;	以 delimiters 为分隔符号,将 str 指向的字符串进行划分。第一次调用时,起始位置为字符串的开始,后面的调用,用 NULL 指针来替代 str,表示从上一次分割处开始。如果找到分割点,返回起始位置的指针,否则返回空指针
其他相关函数	void ∗ memset (void ∗ ptr, int value, size_t num) ;	设置 ptr 指向的内存的前面 num 个字节的值为 value
	size_t strlen(const char ∗ str) ;	返回 str 指向的字符串的长度,不包含空字符

附录 D　标准库字符串类型 string
（C++ string 类定义）

成员属性和成员函数		作　用
数据成员	value_type char	数据类型
	traits_type char_traits < char >	特征类型
	allocator_type allocator < char >	资源分配类型
	reference char&	引用类型
	pointer char ∗	指针类型
	Iterator	迭代器
	difference_typeptrdiff_t	同一容器对象中不同元素之间的距离
	size_type size_t	内存中数据存储大小
构造函数	string(const char ∗ s); string(int n,char c);	用 c 字符串 s 初始化 用 n 个字符 c 初始化

取值函数	const char &operator[ ](int n)const;
	 const char &at(int n)const;
	 char &operator[ ](int n);
	 char &at(int n);
		返回当前字符串中第 n 个字符的位置,但 at 函数提供范围检查,当越界时会抛出 out_of_range 异常,下标运算符[ ]不提供检查访问。

	const char ∗ data()const; const char ∗ c_str()const;	返回一个非 null 终止的 c 字符数组 返回一个以 null 终止的 c 字符串

功能函数	intcopy(char ∗ s, int n, int pos = 0)const;
	 intcapacity()const;
	 intmax_size()const;
	 intsize()const;
	 intlength()const;
	 boolempty()const;
	 voidresize(int len,char c);
	 stringsubstr(int pos = 0, int n = npos) const;
	 voidswap(string &s2);
		把当前串中拷贝到 s 中起点为 pos 长度为 n
		 返回当前容量
		 返回可存放的最大字符串的长度
		 返回当前字符串的大小
		 返回当前字符串的长度
		 当前字符串是否为空
		 把字符串当前大小置为 len,用字符 c 填充
		 返回 pos 开始的 n 个字符组成的字符串
		 交换当前字符串与 s2 的值

（续表）

成员属性和成员函数		作　用
赋值函数	string &operator = (const string &s)； string &assign(const char * s)； string &assign(const char * s, int n)； string &assign(const string &s)； string &assign(int n, char c)； string &assign(const string &s, int start, int n)； string &assign(const_iterator first, const_itertor last)；	把字符串 s 赋给当前字符串 用 c 类型字符串 s 赋值 用 c 字符串 s 开始的 n 个字符赋值 把字符串 s 赋给当前字符串 用 n 个字符 c 赋值给当前字符串 把字符串 s 中的 n 个字符赋给当前字符串 把 first 和 last 迭代器之间的部分赋给字符串
连接函数	string &operator + = (const string &s)； string &append(const char * s)； string &append(const char * s, int n)； string &append(const string &s)； string &append(const string &s, int pos, int n)； string &append(int n, char c)； string &append (const _ iterator first, const _ iterator last)；	把字符串 s 连接到当前字符串的结尾 把 c 类型字符串 s 连接到当前字符串结尾 把 c 类型字符串 s 的前 n 个字符连接到当前字符串结尾 同 operator + = () 把字符串 s 中从 pos 开始的 n 个字符连接到当前字符串的结尾 在当前字符串结尾添加 n 个字符 c 把迭代器 first 和 last 之间的部分连接到当前字符串的结尾
比较函数	bool operator == (const string &s1, const string &s2) const； intcompare(const string &s) const； intcompare(const char * s) const； intcompare (int pos, int n, const string &) const；	比较两个字符串是否相等运算符" > "," < "," >= "," <= ","！= "均被重载用于字符串的比较； 比较当前字符串和 s 的大小 比较当前字符串和 s 的大小 比较当前字符串从 pos 开始的 n 个字符组成的字符串与 s 的大小
查找函数	intfind(char c, int pos = 0) const； intfind(const char * s, int pos = 0) const； intfind(const char * s, int pos, int n) const； intfind(const string &s, int pos = 0) const； intrfind(char c, int pos = npos) const； intrfind (const char * s, int pos = npos) const； intfind_first_of(char c, int pos = 0) const； intfind_first_of(const char * s, int pos = 0) const； intfind_first_not_of (char c, int pos = 0) const； intfind_last_of (char c, int pos = npos) const；	从 pos 开始查找字符 c 在当前字符串的位置 从 pos 开始查找字符串 s 在当前串中的位置 从 pos 开始查找字符串 s 中前 n 个字符的位置 从 pos 开始查找字符串 s 在当前串中的位置 从 pos 开始从后向前查找字符 c 在当前串中的位置 从 pos 开始从后向前查找字符串 S 在当前串中的位置 从 pos 开始查找字符 c 第一次出现的位置 从 pos 开始查找字符串 s 第一次出现的位置 从当前串中查找第一个不在串 s 中的字符出现的位置 从后向前查找字符 C 出现在当前字符串中的位置

成员属性和成员函数	作　用
替换函数 string &replace(int p0, int n0, const char ∗ s); string &replace(int p0, int n0, const char ∗ s, int n); string &replace(int p0, int n0, const string &s); string &replace(int p0, int n0, const string &s, int pos, int n); string &replace(int p0, int n0, int n, char c);	删除从 p0 开始的 n0 个字符,然后在 p0 处插入串 s 删除 p0 开始的 n0 个字符,并插入前 n 个字符 删除从 p0 开始的 n0 个字符,然后在 p0 处插入串 s 删除 p0 开始的 n0 个字符,插入串 s 中从 pos 开始的 n 个字符 删除 p0 开始的 n0 个字符,然后在 p0 处插入 n 个字符 c
插入函数 string &insert(int p0, const char ∗ s); string &insert(int p0, const char ∗ s, int n); string &insert(int p0, int n, char c); iteratorinsert(iterator it, char c);	在 p0 处插入字符串 S 在 p0 处插入字符串 S 中前 n 个字符 此函数在 p0 处插入 n 个字符 c 在 it 处插入字符 c,返回插入后迭代器的位置
删除函数 iteratorerase(iterator first, iterator last) iteratorerase(iterator it); string &erase(int pos = 0, int n = npos);	删除[first,last)之间的所有字符,返回删除后迭代器的位置 删除 it 指向的字符,返回删除后迭代器的位置 删除 pos 开始的 n 个字符,返回修改后的字符串
迭代器函数 iteratorbegin(); iteratorend(); iteratorrbegin(); iteratorrend();	返回 string 的起始位置 返回 string 的最后一个字符后面的位置 返回 string 的最后一个字符的位置 返回 string 第一个字符位置的前面

注:考虑到标准库版本不同,具体定义不完全一致。读者可以参考其他相关资料。

附录 E　C++ STL 常用算法简介

"积木块"分类	"积木块"名称	"积木块"功能
查找算法 (判断容器中是 否包含某个值)	adjacent_find	在 iterator 对标识元素范围内,查找一对相邻重复元素,找到则返回指向这对元素的第一个元素的 ForwardIterator。否则返回 last。重载版本使用输入的二元操作符代替相等的判断
	binary_search	在有序序列中查找 value,找到返回 true。重载的版本实用指定的比较函数对象或函数指针来判断相等
	count	利用等于操作符,把标志范围内的元素与输入值比较,返回相等元素个数
	count_if	利用输入的操作符,对标志范围内的元素进行操作,返回结果为 true 的个数
	equal_range	功能类似 equal,返回一对 iterator,第一个表示 lower_bound,第二个表示 upper_bound
	find	利用底层元素的等于操作符,对指定范围内的元素与输入值进行比较。当匹配时,结束搜索,返回该元素的一个 InputIterator
	find_end	在指定范围内查找"由输入的另外一对 iterator 标志的第二个序列"的最后一次出现。找到则返回最后一对的第一个 ForwardIterator,否则返回输入的"另外一对"的第一个 ForwardIterator。重载版本使用用户输入的操作符代替等于操作
	find_first_of	在指定范围内查找"由输入的另外一对 iterator 标志的第二个序列"中任意一个元素的第一次出现。重载版本中使用了用户自定义操作符
	find_if	使用输入的函数代替等于操作符执行 find
	lower_bound	返回一个 ForwardIterator,指向在有序序列范围内的可以插入指定值而不破坏容器顺序的第一个位置。重载函数使用自定义比较操作
	upper_bound	返回一个 ForwardIterator,指向在有序序列范围内插入 value 而不破坏容器顺序的最后一个位置,该位置标志一个大于 value 的值。重载函数使用自定义比较操作

(续表)

"积木块"分类	"积木块"名称	"积木块"功能
查找算法 (判断容器中是 否包含某个值)	search	给出两个范围,返回一个 ForwardIterator,查找成功 指向第一个范围内第一次出现子序列(第二个范 围)的位置,查找失败指向 last1。重载版本使用自 定义的比较操作
	search_n	在指定范围内查找 val 出现 n 次的子序列。重载 版本使用自定义的比较操作
排序和通用算法	inplace_merge	合并两个有序序列,结果序列覆盖两端范围。重载 版本使用输入的操作进行排序
	merge	合并两个有序序列,存放到另一个序列。重载版本 使用自定义的比较
	nth_element	将范围内的序列重新排序,使所有小于第 n 个元素 的元素都出现在它前面,而大于它的都出现在后 面。重载版本使用自定义的比较操作
	partial_sort	对序列做部分排序,被排序元素个数正好可以被放 到范围内。重载版本使用自定义的比较操作
	partial_sort_copy	与 partial_sort 类似,不过将经过排序的序列复制到 另一个容器
	partition	对指定范围内元素重新排序,使用输入的函数,把 结果为 true 的元素放在结果为 false 的元素之前
	random_shuffle	对指定范围内的元素随机调整次序。重载版本输 入一个随机数产生操作
	reverse	将指定范围内元素重新反序排序
	reverse_copy	与 reverse 类似,不过将结果写入另一个容器
	rotate	将指定范围内元素移到容器末尾,由 middle 指向 的元素成为容器第一个元素
	rotate_copy	与 rotate 类似,不过将结果写入另一个容器
	sort	以升序重新排列指定范围内的元素。重载版本使 用自定义的比较操作
	stable_sort	与 sort 类似,不过保留相等元素之间的顺序关系
	stable_partition	与 partition 类似,不过不保证保留容器中的相对 顺序
删除和替换算法	copy	复制序列
	copy_backward	与 copy 相同,不过元素是以相反顺序被拷贝
	iter_swap	交换两个 ForwardIterator 的值
	remove	删除指定范围内所有等于指定元素的元素。注意, 该函数不是真正删除函数。内置函数不适合使用 remove 和 remove_if 函数

（续表）

"积木块"分类	"积木块"名称	"积木块"功能
删除和替换算法	remove_copy	将所有不匹配元素复制到一个制定容器,返回 OutputIterator 指向被拷贝的末元素的下一个位置
	remove_if	删除指定范围内输入操作结果为 true 的所有元素
	remove_copy_if	将所有不匹配元素拷贝到一个指定容器
	replace	将指定范围内所有等于 vold 的元素都用 vnew 代替
	replace_copy	与 replace 类似,不过将结果写入另一个容器
	replace_if	将指定范围内所有操作结果为 true 的元素用新值代替
	replace_copy_if	与 replace_if,不过将结果写入另一个容器
	swap	交换存储在两个对象中的值
	swap_range	将指定范围内的元素与另一个序列元素值进行交换
	unique	清除序列中重复元素,和 remove 类似,它也不能真正删除元素。重载版本使用自定义比较操作
	unique_copy	与 unique 类似,不过把结果输出到另一个容器
排列组合算法(提供计算给定集合按一定顺序的所有可能排列组合)	next_permutation	取出当前范围内的排列,并重新排序为下一个排列。重载版本使用自定义的比较操作
	prev_permutation	取出指定范围内的序列并将它重新排序为上一个序列。如果不存在上一个序列则返回 false。重载版本使用自定义的比较操作
算术算法	accumulate	iterator 对标识的序列段元素之和,加到一个由 val 指定的初始值上。重载版本不再做加法,而是传进来的二元操作符被应用到元素上
	partial_sum	创建一个新序列,其中每个元素值代表指定范围内该位置前所有元素之和。重载版本使用自定义操作代替加法
	inner_product	对两个序列做内积(对应元素相乘,再求和)并将内积加到一个输入的初始值上。重载版本使用用户定义的操作
	adjacent_difference	创建一个新序列,新序列中每个新值代表当前元素与上一个元素的差。重载版本用指定二元操作计算相邻元素的差

"积木块"分类	"积木块"名称	"积木块"功能
生成和异变算法	fill	将输入值赋给标志范围内的所有元素
	fill_n	将输入值赋给 first 到 first + n 范围内的所有元素
	for_each	用指定函数依次对指定范围内所有元素进行迭代访问,返回所指定的函数类型。该函数不得修改序列中的元素
	generate	连续调用输入的函数来填充指定的范围
	generate_n	与 generate 函数类似,填充从指定 iterator 开始的 n 个元素
	transform	将输入的操作作用与指定范围内的每个元素,并产生一个新的序列。重载版本将操作作用在一对元素上,另外一个元素来自输入的另外一个序列。结果输出到指定容器
关系算法	equal	如果两个序列在标志范围内元素都相等,返回 true。重载版本使用输入的操作符代替默认的等于操作符
	includes	判断第一个指定范围内的所有元素是否都被第二个范围包含,使用底层元素的 < 操作符,成功返回 true。重载版本使用用户输入的函数
	lexicographical_compare	比较两个序列。重载版本使用用户自定义比较操作
	max	返回两个元素中较大一个。重载版本使用自定义比较操作
	max_element	返回一个 ForwardIterator,指出序列中最大的元素。重载版本使用自定义比较操作
	min	返回两个元素中较小一个。重载版本使用自定义比较操作
	min_element	返回一个 ForwardIterator,指出序列中最小的元素。重载版本使用自定义比较操作
	mismatch	并行比较两个序列,指出第一个不匹配的位置,返回一对 iterator,标志第一个不匹配元素位置。如果都匹配,返回每个容器的 last。重载版本使用自定义的比较操作
集合算法	set_union	构造一个有序序列,包含两个序列中所有的不重复元素。重载版本使用自定义的比较操作
	set_intersection	构造一个有序序列,其中元素在两个序列中都存在。重载版本使用自定义的比较操作
	set_difference	构造一个有序序列,该序列仅保留第一个序列中存在的而第二个中不存在的元素。重载版本使用自定义的比较操作

"积木块"分类	"积木块"名称	"积木块"功能
集合算法	set_symmetric_difference	构造一个有序序列,该序列取两个序列的对称差集(并集—交集)
堆算法	make_heap	把指定范围内的元素生成一个堆。重载版本使用自定义比较操作
	pop_heap	并不真正把最大元素从堆中弹出,而是重新排序堆。它把 first 和 last − 1 交换,然后重新生成一个堆。可使用容器的 back 来访问被"弹出"的元素或者使用 pop_back 进行真正的删除。重载版本使用自定义的比较操作
	push_heap	假设 first 到 last − 1 是一个有效堆,要被加入堆的元素存放在位置 last − 1,重新生成堆。在指向该函数前,必须先把元素插入容器后。重载版本使用指定的比较操作
	sort_heap	对指定范围内的序列重新排序,它假设该序列是个有序堆。重载版本使用自定义比较操作

参 考 文 献

［1］沈军.大学计算机基础——系统化方法解析(Windows XP & Office 2003 描述).南京：东南大学出版社,2011

［2］沈军.计算思维之程序设计.南京：东南大学出版社,2018

［3］沈军.大学程序设计基础——系统化方法解析 & Java 描述.南京：东南大学出版社,2015

［4］李煜东.算法竞赛进阶指南.河南：河南电子音像出版社,2018

［5］郭嵩山,李志业,金涛,等.国际大学生程序设计竞赛例题解(一)/数论、计算几何、搜索算法专集.北京：电子工业出版社,2007